International Organization for Standardization

ISO
マネジメント
システム
強化書

ISO 14001:2015

●三代 義雄[著]
Yoshio Mishiro

規格の歴史探訪から
Annex SLまで

Ohmsha

本書に掲載されている会社名・製品名は，一般に各社の登録商標または商標です．

本書を発行するにあたって，内容に誤りのないようできる限りの注意を払いましたが，本書の内容を適用した結果生じたこと，また，適用できなかった結果について，著者，出版社とも一切の責任を負いませんのでご了承ください．

本書は，「著作権法」によって，著作権等の権利が保護されている著作物です．本書の複製権・翻訳権・上映権・譲渡権・公衆送信権（送信可能化権を含む）は著作権者が保有しています．本書の全部または一部につき，無断で転載，複写複製，電子的装置への入力等をされると，著作権等の権利侵害となる場合があります．また，代行業者等の第三者によるスキャンやデジタル化は，たとえ個人や家庭内での利用であっても著作権法上認められておりませんので，ご注意ください．

本書の無断複写は，著作権法上の制限事項を除き，禁じられています．本書の複写複製を希望される場合は，そのつど事前に下記へ連絡して許諾を得てください．

(社)出版者著作権管理機構
(電話 03-3513-6969, FAX 03-3513-6979, e-mail: info@jcopy.or.jp)

JCOPY ＜(社)出版者著作権管理機構 委託出版物＞

はしがき

　国際標準化機構（ISO：International Organization for Standardization）が制定するマネジメントシステム規格（MSS：Management System Standard）のコア規格とも言うべき ISO 9001（品質マネジメントシステム）及び ISO 14001（環境マネジメントシステム）が昨年 9 月に改訂され，11 月には JIS も発行された．9001 は 7 年振り，14001 に至っては 11 年振りの改訂となる．

　今回の規格改訂の大きな特徴は，統合版 ISO 補足指針である「附属書（Annex）SL（共通テキスト）」に従って改訂されたことである．もちろん，9001，14001 とも固有のマネジメントシステムの部分はあるが，今後新設若しくは改訂される ISO 規格は，この共通テキストをベースに開発または改訂されることになる．

　さて，ISO 14001 の改訂は，今回で 3 回目となり，前規格（2004 年版：第 2 版）から大幅な変更が行われた．その主な相違は以下のとおりである．

1) Annex SL の適用（マネジメントシステム規格の共通化）
2) 組織の状況の理解（外部及び内部の課題と関連する利害関係者のニーズ及び期待）
3) リスクに基づく考え方の強化とリーダーシップの強化
4) 環境マネジメントシステムの意図した成果の達成とパフォーマンスの向上
5) プロセスアプローチの適用向上（手順の確立をプロセスの確立に変更）
6) 環境マネジメントシステム固有の要求事項の強化，追加，拡大
   （ライフサイクル思考，環境状態を考慮，環境保護 など）

　本書は，このように改訂された ISO 14001 を正しく理解し，組織が効率的にシステム変更を行うこと，また組織を審査する認証機関（審査機関）が効果的な審査を行えることができるようにまとめたものである．関係各位に活用していただければ望外の喜びである．

　なお，2015 年 9 月に改訂された ISO 9001:2015（第 5 版）についても，本書と同じ形式で姉妹書としてまとめているので，こちらも参考としていただければ幸いである．

　最後に，本書の執筆に当たって，種々の資料提供をしていただいた 株式会社 エル・エム・ジェイ・ジャパンの 南澤 兼雄 氏，望月 清秀 氏及び本書の編集でお世話いただいたオーム社書籍編集局の方々に感謝申し上げる．

2016 年 1 月

三 代 義 雄

本書の構成と表記について

本書は以下のように，4 章 + 付録で構成している．

- ■1 章　環境マネジメントシステム　規格の歴史探訪
- ■2 章　ISO 14001：2004 の再認識
- ■3 章　ISO 14001：2015 の概要
- ■4 章　2015 年版と 2004 年版の詳細比較
- ■付録　附属書 SL（Annex SL）　マネジメントシステム規格の提案

1 章では，ISO 14001 の第 1 版から第 3 版までの改訂の経緯を ISO 9001 の改訂経緯と相互参照（クロスリファレンス）して解説した．9001 は第 3 版（2000 年版）でも，品質保証（QA：Quality Assurance）から QMS へと大幅に改訂されている．この改訂は，1996 年に第 1 版として制定された 14001 が大きく影響している．特にこの章では，14001 の環境マネジメントシステム（EMS：Environmental Management System）の考え方を理解することで，QA と QMS の相違を理解していただくように配慮してまとめた．つまり，マネジメントシステム規格の原点は 14001 であることを理解していただきたい．

2 章では，14001 の第 2 版（2004 年版）の内容及び問題点を正しく理解するために，関連箇条を相互参照し，極力図表を用いて解説した．2 章で第 2 版の内容を再確認してから，第 3 版への移行に取り組んでいただきたい．

3 章では，14001 の第 3 版（2015 年版）と第 2 版との主な相違点を理解するために，2 章と同様に関連箇条を相互参照し，極力図表を用いて解説した．

4 章では，14001 の第 3 版と第 2 版とを詳細に比較してまとめた．比較表の左欄に第 3 版を，右欄に第 2 版を，各箇条の要求事項を逐次比較して記述した．さらに，規格を理解するための「参考情報」，関連する「用語及び定義」及び「14001 の附属書 A」の中で，参考となる内容を抜粋してまとめた．

付録では，2014 年に改訂された Annex SL の概要をまとめた．

［表記について］

本書における記載において，ISO 規格の箇条，附属書等については邦訳版である JIS 規格を原則，引用・使用している．

○凡　例
　ISO 14001：2015 → JIS Q 14001：2015
　ISO 14001：2004 → JIS Q 14001：2004
　ISO 9001：2008 → JIS Q 9001：2008　等

目次

1章　環境マネジメントシステム　規格の歴史探訪
- 01　はじめに ……………………………………………………………… 002
- 02　ISO 9000s（シリーズ）の誕生 …………………………………… 006
- 03　監査の規格の登場 …………………………………………………… 008
- 04　市場型製品と契約型製品 …………………………………………… 008
- 05　認証制度の誕生と全世界への広がり ……………………………… 009
- 06　日本におけるISO9000sに関する認証制度 ……………………… 014
- 07　ISO 14001（環境マネジメントシステム）の登場 ……………… 014
- 08　日本でのISO 14001の認証制度 …………………………………… 018
- 09　簡易版（KES，エコアクション21）による認証制度の発足 …… 020
- 10　ISO 9001の大幅改訂（2000年改訂） …………………………… 022
- 11　継続的改善 …………………………………………………………… 027
- 12　ISO 9001とISO 14001の同時採用 ……………………………… 029
- 13　監査の規格の統合 …………………………………………………… 031
- 14　マネジメントシステム規格の章構成の統一 ……………………… 036

2章　ISO 14001：2004（JIS Q 14001：2004）の再認識
- 01　はじめに ……………………………………………………………… 040
- 02　ISO 14001：2004の要求項目 ……………………………………… 042
- 03　環境側面とは ………………………………………………………… 042
- 04　環境側面（4.3.1） …………………………………………………… 044
- 05　法的及びその他の要求事項（4.3.2） ……………………………… 046
- 06　目的，目標及び実施計画（4.3.3） ………………………………… 050
- 07　運用管理（4.4.6） …………………………………………………… 051
- 08　緊急事態への準備及び対応（4.4.7） ……………………………… 054
- 09　監視及び測定（4.5.1） ……………………………………………… 056
- 10　順守評価（4.5.2） …………………………………………………… 058
- 11　内部監査（4.5.5） …………………………………………………… 058
- 12　トップマネジメントの役割 ………………………………………… 060

目次

　13　ISO と日本の文化 ………………………………………………… *063*

3章　ISO 14001：2015（JIS Q 14001：2015）の概要
　01　はじめに ………………………………………………………… *066*
　02　適用範囲 ………………………………………………………… *066*
　03　ISO 14001：2015 の要求項目 ……………………………… *066*
　04　環境マネジメントシステムとプロセス ………………………… *068*
　05　リスク及び機会への取組み …………………………………… *077*
　06　組織及びその状況の理解 ……………………………………… *081*
　07　利害関係者のニーズ及び期待の理解 ………………………… *083*
　08　順守義務 ………………………………………………………… *083*
　09　環境パフォーマンス …………………………………………… *086*
　10　継続的改善 ……………………………………………………… *088*
　11　変更に関する要求事項 ………………………………………… *090*
　12　トップマネジメントの役割 …………………………………… *092*
　13　予防処置 ………………………………………………………… *094*
　14　文書化した情報 ………………………………………………… *094*
　15　その他の変更 …………………………………………………… *097*
　16　2015 年版への移行時の注意事項 …………………………… *101*

4章　2015 年版と 2004 年版の詳細比較
　01　ISO 14001　新旧規格の目次比較 …………………………… *104*
　02　ISO 14001：2015 の序文 ……………………………………… *105*
　03　ISO 14001：2015　要求事項 ………………………………… *108*
　　1　適用範囲 ……………………………………………………… *108*
　　2　引用規格 ……………………………………………………… *109*
　　3　用語及び定義 ………………………………………………… *110*
　　4　組織の状況 …………………………………………………… *120*
　　5　リーダーシップ ……………………………………………… *124*
　　6　計　画 ………………………………………………………… *128*
　　7　支　援 ………………………………………………………… *138*
　　8　運　用 ………………………………………………………… *144*

9 パフォーマンス評価 ………………………………………… *149*
   10 継続的改善 …………………………………………………… *155*

付   録　附属書 SL（Annex SL）マネジメントシステム規格の提案… *159*

環境マネジメントシステム規格の歴史探訪

1章

1章 環境マネジメントシステム 規格の歴史探訪

01 はじめに

　品質，環境，食品安全，情報セキュリティなどの分野別のマネジメントシステム規格（MSS：Management System Standard）が数多く制定され，日本国内でも多くの組織がこの MSS を取り入れ，実践し，第三者機関による審査が行われている．これらの MSS は国際標準化機構（ISO：International Organization for Standardization）の個別の委員会で作成され，その章構成や用語の定義が統一されていないことから，複数の MSS を採用する組織では，システム構築，実施，維持，改善及び審査で混乱が生じていた．

　これに対応するため，**Annex SL**（ISO/IEC 専門業務用指針：テキスト並びに共通用語及び中核となる定義）が 2013 年 4 月に発行された．

　今後作成・改訂される MSS はこの共通テキストに基づいて作成されることになる．すでに ISO 27001（情報セキュリティ）は，これをベースに改訂発行されている．

　ISO 14001（環境）も，この共通テキストを指針として改訂され，2015 年 9 月に発行された．同時に ISO 9001（品質）も発行されている．ISO 14001 を適用し，認証を受けている組織は，改訂規格発行後，3 年以内に移行する必要がある．改訂発行された ISO 14001 の概要については **3 章**を，2004 年版と 2015 年版の詳細比較については **4 章**を参照願いたい．

　本章では，改訂規格を正しく理解し，移行作業を間違いなく，かつ効率的に行うために，ISO 14001 の改訂の経緯，規格の狙い及び監査・審査との関係を，MSS として最初に発行された ISO 9001 を相互参照（クロスリファレンス）してまとめた．

　品質と環境に関する MSS 規格の改訂の経緯を 表1 に，これらの規格の正式名称を 表2 に示す．これらの資料から，ISO 9001 と ISO 14001 の改訂履歴，規格の狙い及び監査対応を整理して， 表3 に示す[注1]．

　以降の解説は， 表1 ～ 表3 を参照しながら読み進めていただきたい．

[注1] 図表の中で，①，②〜などと記載しているのは，説明を容易にするために示した規格の改訂番号であり，正式の規格には付いてない．

01　はじめに

表1　品質と環境に関するMSS規格の改訂の経緯

年	品質	環境
1958	MIL-Q-9858	
1959	品質システム監査（L. Marvin Johnson）	
1967		「公害対策基本法」制定
1979	BS 5750	
1985	英国：第三者認証制度発足	
1987	① ISO 9000s （9000/**9001**/**9002**/**9003**/9004）（8402：1986）	
1990	ISO 10011-1	
1991	ISO 10011-2/3　　JIS Z 9900s 制定	
1992		① BS 7750　　地球サミット（アジェンダ21）
1993		ISO TC207 設立　　「環境基本法」制定
1994	② ISO 9000s　　JAB 発足 [*1] （9000/**9001**/**9002**/**9003**/9004）（8402）	② BS 7750
1995		EU：EMAS 運用
1996	JAB 名称変更 [*2]	① ISO 14000s　　JIS Q 14000s 制定 （14001/14004/14010/14011/14012）
2000	③ ISO 9000s　　JIS Q 9000s 制定 （9000/**9001**/9004）	「循環型社会形成推進基本法」制定
2002	ISO 19011（**QMS/EMS** 監査の指針）	
2004		② ISO 14000s （14001/14004）
2005	④ ISO 9000 改訂	
2006	ISO/IEC 17021（認証機関に対する要求事項）	・エコアクション21 ・条例／協定／指針 ・KES（京都／簡易版） ・業界の行動規範
2008	④ ISO 9001（追補改訂）	
2009	④ ISO 9004	
2011	ISO 19011（MS 監査のための指針） ISO/IEC 17021（認証機関に対する要求事項）	
2012	ISO/IEC TS 17021-2（EMS の審査及び認証に関する力量要求事項）	
2013	ISO/IEC TS 17021-3（QMS の審査及び認証に関する力量要求事項） Annex SL（ISO/IEC 統合版 ISO 補足指針　マネジメントシステム規格の提案）	
2014	Annex SL（2014 年に改訂）	
2015	ISO/IEC 17021-1（認証機関に対する要求事項）	
	⑤ ISO 9001	③ ISO 14001

・**ISO**（国際標準化機構：International Organization for Standardization，語源はギリシャ語の ISOS：＝Equal）の発足は 1947 年で，日本は 1952 年に加盟している．
・**EMAS**：Eco-Management and Audit Scheme：環境管理及び環境監査要綱（EC 規則）
・**MIL**：米国規格，**BS**：英国規格，
・[*1] 日本品質システム審査登録認定協会，[*2] 日本適合性認定協会

003

1章 環境マネジメントシステム　規格の歴史探訪

表2　品質と環境に関するMSS規格

年	品質関連規格	
1986	① ISO 8402	品質 — 用語 Quality — Vocabulary
1987	① ISO 9000s	
	① ISO 9000	品質管理及び品質保証の規格 — 選択及び使用の指針 Quality management and quality assurance standards — Guidelines for selection and use
	① ISO 9001	品質システム — 設計・開発，製造，据付け及び付帯サービスにおける品質保証モデル Quality system — Model for quality assurance in design/development, production, installation and servicing
	① ISO 9002	品質システム — 製造及び据付けにおける品質保証モデル Quality system — Model for quality assurance in production and installation
	① ISO 9003	品質システム — 最終検査及び試験における品質保証モデル Quality system — Model for quality assurance in final inspection and test
	① ISO 9004	品質管理及び品質システムの要素 — 指針 Quality management and system elements — Guidelines
1994	② ISO 8402	品質管理及び品質保証 — 用語 Quality management and quality assurance — Vocabulary
	② ISO 9000s	
	② ISO 9000-1	品質管理及び品質保証の規格 — 第1部：選択及び使用の指針 Quality management and quality assurance standards — Part 1 : Guidelines for selection and use
	② ISO 9001	① 9001に同じ
	② ISO 9002	品質システム — 製造，据付け及び付帯サービスにおける品質保証モデル Quality system — Model for quality assurance in production, installation and servicing
	② ISO 9003	① 9003に同じ
	② ISO 9004-1	品質管理及び品質システムの要素 — 第1部：指針 Quality management and system elements — Part 1 : Guidelines
2000	③ ISO 9000	品質マネジメントシステム — 基本及び用語 Quality management systems — Fundamentals and vocabulary
	③ ISO 9001	品質マネジメントシステム — 要求事項 Quality management systems — Requirements
	③ ISO 9004	品質マネジメントシステム — パフォーマンス改善の指針 Quality management systems — Guidelines for performance improvements
2005	④ ISO 9000	③ ISO 9000に同じ
2008	④ ISO 9001	③ ISO 9001に同じ
2009	④ ISO 9004	③ ISO 9004に同じ
2015	⑤ ISO 9001	③ ISO 9001に同じ

年		環境関連規格
1996	① ISO 14001	環境マネジメントシステム ― 仕様及び利用の手引 Environmental management systems ― Specification with guidance for use
	① ISO 14004	環境マネジメントシステム ― 原則, システム及び支援技法の一般指針 Environmental management systems ― General guidelines on principles, systems and supporting techniques
2004	② ISO 14001	環境マネジメントシステム ― 要求事項及び利用の手引 Environmental management systems ― Requirements with guidance for use
	② ISO 14004	① 14004 に同じ
2015	③ ISO 14001	① 14001 に同じ

年		監査・審査関連規格
1990	ISO 10011-1	品質システムの監査の指針 ― 第1部:監査 Guidelines for auditing quality systems ― Part 1:Auditing
1991	ISO 10011-2	品質システムの監査の指針 ― 第2部:品質システム監査員の資格基準 Guidelines for auditing quality systems ― Part2:Qualification criteria for quality systems
	ISO 10011-3	品質システムの監査の指針 ― 第3部:監査プログラムの管理 Guidelines for auditing quality systems ― Part3:Management of audit programmes
1996	ISO 14010	環境監査の指針 ― 一般原則 Guidelines for environmental auditing ― General principles
	ISO 14011	環境監査の指針 ― 監査手順 ― 環境マネジメントシステムの監査 Guidelines for environmental auditing ― Audit procedures ― Auditing of environmental management systems
	ISO 14012	環境監査の指針 ― 環境監査員のための資格基準 Guidelines for environmental auditing ― Qualification criteria for environmental auditors
2002	ISO 19011	品質及び/又は環境マネジメントシステム監査のための指針 Guidelines for quality and/or environmental management systems auditing
2006	ISO/IEC17021	適合性評価 ― マネジメントシステムの審査及び認証を行う機関に対する要求事項 Conformity assessment ― Requirements for bodies providing audit and certification of management systems
2011	ISO 19011	マネジメントシステム監査のための指針 Guidelines for auditing management systems
	ISO/IEC17021	(2007年版の改訂)
2012	ISO/IEC TS 17021-2	適合性評価 ― マネジメントシステムの審査及び認証を行う機関に対する要求事項 ― 第2部:環境マネジメントシステムの審査及び認証に関する力量要求事項 Conformity assessment ― Requirements for bodies providing audit and certification of management systems ― Part2:Competence requirements for auditing and certification of environmental management systems
2013	ISO/IEC TS 17021-3	適合性評価 ― マネジメントシステムの審査及び認証を行う機関に対する要求事項 ― 第3部:品質マネジメントシステムの審査及び認証に関する力量要求事項 Conformity assessment ― Requirements for bodies providing audit and certification of management systems ― Part3:Competence requirements for auditing and certification of quality management systems
2015	ISO/IEC TS 17021-1	適合性評価 ― マネジメントシステムの審査及び認証を行う機関に対する要求事項 ― 第1部:要求事項 (2011年の改訂) Conformity assessment ― Requirements for bodies providing audit and certification of management systems ― Part3:Competence requirements for auditing and certification of quality management systems

1章　環境マネジメントシステム　規格の歴史探訪

表3　ISO 9001 と ISO 14001 の改訂の流れ

年	品　質			環　境		
	規格	狙い	監査対応	規格	狙い	監査対応
1987	① 9001	QA	一，二者			
1994	② 9001	QA	一，二者（三者）			
1996				① 14001	EMS	一，二，三者，自己宣言
2000	③ 9001	QMS	一，二，三者			
2004				② 14001	EMS	一，二，三者，自己宣言
2008	④ 9001	QMS	一，二，三者			
2015	⑤ 9001	QMS	一，二，三者	③ 14001	EMS	一，二，三者，自己宣言

QA：Quality Assurance　　　　　　　　　　EMS：Environmental Management System
QMS：Quality Management System

02　ISO 9000s（シリーズ）の誕生

　ISO 9000s（9000，9001，9002，9003，9004）は，英国の BS 5750 の影響を受けて作成された．BS 5750 自体は，米国の MIL 規格（米国防総省が制定した米軍の資材調達に関する規格）の影響を受けて作成されている．この MIL 規格こそが，顧客の供給者に，システム構築と監査を要求した最初の規格である[注2]．

　米軍の供給者から不適合品が多く納入されたので，米軍は受入検査を厳しくしたが，なかなか不適合品が減少しない．さらに，工程内検査を厳しく行ったものの不適合品の減少は止まらなかった．そこで米軍は，供給者に製品を製造するためのシステム構築を要求し，そのシステムどおりに製品が製造されているのかを監査することにした．このとき，米国防総省に指名されて軍需産業の供給業者の監査を行ったのが，L. Marvin Johnson（L. マービン・ジョンソン）である．最初は，ジョンソン氏一人で監査を行っていたが，米軍の供給者は数多く存在するので，OJT（On-the-Job Training）で監査員を養成しながら監査を行い，監査技法（ジョンソン・メソッド）を確立したのである．

[注2]　・MIL-Q-5923　Quality Control Requirements, General（品質保証共通仕様書）
　　　・MIL-Q-9858　Quality Program Requirements（品質管理共通仕様書）
　　　・MIL-I-45208A（検査管理共通仕様書）
　　　・BS 5750（Quality Management Systems，英国の規格）

02　ISO 9000s（シリーズ）の誕生

　日本でも，このMIL規格を基にした防衛庁仕様書（DSP：Defense Specification）が，1982年に制定され，防衛庁の供給者にシステム構築を要求し，防衛庁による監査が行われるようになった[注3]。

　このMIL規格の完成度が高かったので，英国のBS 5750の制定につながり，さらに，1987年に品質システムに関する国際規格として，ISO 9000s（9000, 9001, 9002, 9003, 9004）の制定に至ったのである。

　ISO 9000sの規格の中で，顧客が供給者にシステム構築を要求し，二者監査に使われた規格は9001, 9002, 9003である。9001, 9002, 9003の序文に「購入者と供給者との間の契約の目的に適した"機能上又は組織上の能力"の点で異なる3つの形式を示す」と記述されている。これらの規格の主な相違は，9001は，設計から付帯サービスまでのシステム全体に，9002は設計・開発の機能がない組織に，9003は9002よりさらに小規模の組織（中小企業）に適用する要求事項が規定されていた[注4]。

　上記の3つの規格とは別に，8402, 9000, 9004という3つの重要な規格があるので，以下に解説する。

　1987年に9001, 9002, 9003が発行される前年に用語の定義ISO 8402:1986が発行されている。この8402は，各9000s規格の用語の定義をまとめて示したもので，各規格で引用規格とされている。引用規格とは「規定の一部」であり，参考規格ではない。当然，この8402は監査の対象にもなるので，用語の定義をよく読んで規格を解釈することが重要である。

　ISO 9000:1987は，内部品質管理（9004）及び外部保証（9001, 9002, 9003）に関する一連の規格を選択し使用するための指針を示した規格であり，監査の対象にはならない。

　ISO 9004:1987は，顧客に製品を提供する供給者のための規格である。供給者が品質管理を行うときに何をしなればならないかを示した手引きであり，最も

[注3] ・DSP Z 9001:1982　品質保証共通仕様書
　　　・DSP Z 9002:1982　品質管理共通仕様書
　　　・DSP Z 9003:1982　検査制度共通仕様書

[注4] ・9001:1987　品質システム ─ 設計・開発，製造，据付け及び付帯サービスにおける品質保証モデル
　　　・9002:1987　品質システム ─ 製造及び据付における品質保証モデル
　　　・9003:1987　品質システム ─ 終検査及び試験における品質保証モデル

幅の広い規格である．当然，この規格も監査の対象にはならない[注5]．

やがて，これらの規格は 1994 年に改訂（第 2 版）され，ISO 9000s は全世界へ広がっていったのである．

03 監査の規格の登場

ISO 9000s への適合監査を行うに当たって，当時は監査の基準がなかった．そこで参考にされたのが，1970 年にジョンソン氏が発行した「ISO 9000 外注・購入先監査／内部監査のための品質監査ハンドブック」である．このハンドブックを参考として，1990/1991 年に監査の規格として初めて ISO 10011s（品質システムの監査の指針）が制定された．

ジョンソン氏は 1972 年にヨーロッパに招かれ，「主任監査員養成コース」を数多く開催し，監査技法の普及と監査員の養成を行った．これがこの後に述べる 1985 年に英国が発足させた認証制度へとつながるのである[注6]．

04 市場型製品と契約型製品

9001，9002，9003 を適用するに当たって，もう 1 つ考慮すべきことがある，それは，市場型製品と契約型製品にどのように適用するかということである．これらの製品と 9001，9002，9003 との関係を 表4 にまとめた．

1987 年に制定された 9001，9002，9003 は製造業の契約型製品を対象として生まれたものである．市場型製品の場合は，顧客が量販店で各社の製品を比較して，良いものを選定して購入できる．しかし，契約型製品の場合は，どのような製品が納入されるか不明な点が多いので，顧客が事前に供給者の品質保証システムを確認して発注し，受入検査とは別に顧客によるシステム監査（二者監査）を

[注5] ・8402：1986　品質 — 用語
・9000：1987　品質管理及び品質保証の規格 — 選択及び使用の指針
・9004：1987　品質管理及び品質システムの要素 — 指針

[注6] ・19011-1：1990　品質システムの監査の指針 — 第 1 部：監査
・19011-2：1991　品質システムの監査の指針 — 第 2 部：品質システム監査員の資格基準
・19011-3：1991　品質システムの監査の指針 — 第 3 部：監査プログラムの管理

表4　市場型製品と契約型製品

市場型製品（大量生産／見込生産）	契約型製品（一品生産／受注生産）
・コスト一定のもとで品質最高を狙う　　　　　　　　　　　→　品質向上 ・顧客は通常その製品の使用者 ・品質が悪ければ二度と購入しない ・**良いものを作るための品質管理**	・品質一定のもとでコスト最低を狙う　　　　　　　　　　　→　コストダウン ・顧客はその製品の直接の使用者でない場合が多い ・使用者の声が企業に伝わりにくいことが多い ・**良いものを買うための品質管理** 　　　　　↓ 　　製品検査，工程検査 　　　　　↓ 　　品質保証体制の監査（第二者監査）

・**ISO 9001/2/3：1987/1994** は契約型製品について顧客が供給者に対して要求する品質保証の要求事項として定められたものである．その原点は **MIL Q 9858：1958** である．これらの規格は，第二者監査用の規格として作成された．
・**市場型製品**の場合は，製品仕様を定める，例えば，供給者の製品企画部門や営業部門を顧客として ISO 9001/2/3 を適用している例がある．
・**ISO 9001：2000/2008**（第3版／第4版）では**市場型製品／契約型製品**の区別がなくなった．

行うことにしたのである．さらに9001及び9002では，供給者自身による内部監査（一者監査）も要求している．すなわち，品質保証システム構築とその実施状況を監査することにより，不適合品の発生を防止することにしていた．

　しかし，これらの規格が市場型製品にも適用されるようになってきた．市場型製品に適用する場合は，顧客（エンドユーザではない）が誰であるかを明確に定めて適用する必要がある．この顧客としては，市場型製品を開発した製品企画部門，営業部門，量販店とする例が多い．つまり，開発した製品が決められたシステムどおりに製造されているのかを，製品企画部門などが監査することにより不適合品の発生を防止するように利用されてきたのである．

05　認証制度の誕生と全世界への広がり

　1987年に制定された ISO 9000s（9000，9001，9002，9003，9004）の中で，顧客による監査（二者監査）の対象になったのが，9001，9002，9003である．
　これらの規格は，不適合品の減少に効果があるということで，ヨーロッパ中に広がり，多くの顧客が供給者にその適用を契約要求条件とし，顧客による二者監査が頻繁に行われるようになった．やがて，この二者監査が第三者機関による認

証で代行されるようになっていった．一者監査，二者監査，三者監査（審査）などの監査の種類については， 図1 にまとめた[注7]．

英国は，1985年に第三者機関による認証制度を発足させた．これは供給者が9001，9002，9003に示された要求どおりにシステムを運用しているのかを第三者機関（認証機関）が審査をし，適合していれば証明書を発行するという制度である．

9001，9002，9003は先に述べたとおり，顧客が要求する二者監査用の規格であるが，なぜ第三者審査に適用されるようになったのだろうか．その経過を考察して， 図2 にまとめた．

最初は，顧客自身が直接，供給者の監査を行っていたが，供給者は数多くおり，顧客にとってこの監査による負担が大きくなってきた．一方，監査を受ける供給者にとっても多くの顧客による監査を頻繁に受けなくてはならなくなり，その負担が重くなってきた．そこで，顧客に代わって第三者機関（認証機関）の審査員が審査を行い，システムが適合していれば，証明書を発行する認証制度が発足したのである．9001，9002，9003は，二者監査用の規格として生まれたが，第三者審査に流用されることになった．また，この認証制度が非常に質が高いということで，ヨーロッパ中に広がり，やがて全世界に広がったわけである．

この認証制度が全世界に広がったもう1つの要素がある．顧客は供給者を選定するときに認証取得の証明書があることを選定条件の1つにするようになってきた．しかし，供給者がその作業をさらに外注に出したらどうなるのだろうか．顧客にとって供給者が外注するであれば，供給者はその外注先の管理を徹底してほしいと願うのは当然である．9001では，供給者が外注する場合は「購買管理」で厳しい要求をしている．この要求は9001の第1版から第5版まで順次厳しくなってきた．ISO 9001:2008（第4版）に記載されている購買要求事項を認証制度の流れに合わせて 図3 に示した．

この要求事項の中で最も注目を引くのが，「QMSに関する要求事項」である．ISO 9001:1984（第1版）では，「該当する場合は」という但し書きがついているがInternational Standardと記載されていた．すなわち，供給者の外注先へも9001の認証取得を暗に要求しているのである．このInternationalという表

[注7] 監査には一者監査，二者監査，三者監査があるが，その中で認証制度に基づいた監査を日本では審査と訳すことにしている．

監査の種類		内容
内部監査 (internal audit)	第一者監査 (first-party audit)	・内部監査は，第一者監査と呼ばれることもあり，マネジメントレビュー及びその他の**内部目的**（例えば，マネジメントシステムの有効性を確認する，又はマネジメントシステムの改善のための情報を得る．）のために，その組織自体又は<u>代理人</u>によって行われる． ・内部監査は，その組織の適合を**自己宣言**するための基礎となり得る． ・多くの場合，特に中小規模の組織の場合は，**独立性**は，監査の対象となる活動に関する責任を負っていないことで，又は偏り及び利害抵触がないことで実証することができる．
外部監査 (external audit)	第二者監査 (second-party audit)	・第二者監査は，**顧客**など，その組織の利害関係者又はその<u>代理人</u>によって行われる．
	第三者監査 (third-party audit)	・第三者監査は，**規制当局**又は**認証機関**のような，独立した監査機関によって行われる．
複合監査 (combined audit)		・複数の異なる分野（例えば，品質，環境及び労働安全衛生）のマネジメントシステムを一緒に監査する場合，これを複合監査という．
合同監査 (joint audit)		・一つの被監査者（3.7）を複数の監査する組織が協力して監査する場合，これを合同監査という．
参考：統合審査（ISO/IEC 17021:2011） (integrated audit)		・依頼者が，二つ以上のマネジメントシステム規格の要求事項を<u>単一のマネジメントシステムに統合</u>して適用し，二つ以上の規格に関して審査される場合である．

（ISO 19011:2012 より抜粋）

図1　監査の種類

現は ISO 9001:1994（第2版）で削除されたが，多くの認証取得した供給者は外注先へ 9001 の認証取得の要求をするようになってきたのである．外注先が 9001 を認証取得すれば，さらに孫外注する場合は 9001 の認証取得を要求することになり，9001 の認証取得はねずみ算式に全世界に広がったのである．

ISO 9000s は 1994 年に改訂（第2版）され，9001，9002，9003 の序文に「供給者がその能力を評価するため，及び外部関係者（external parties）が供給者の能力を評価するために適した品質システムの要求事項の異なる3つの形式を示す」と記述され，これらの規格は二者監査用の規格であるが，第三者審査にも

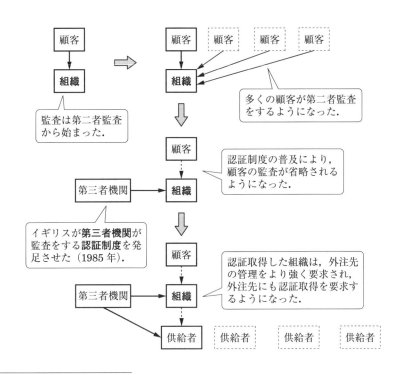

[注8] 9001 に記述されている，顧客，受注企業，受注企業の外注先の呼び方が下記のとおり変更されているが，ここでは第3版の呼び方で表現している．
　　　1987 年版（第1版）顧客 → 供給者 → 下請負契約者
　　　1994 年版（第2版）顧客 → 供給者 → 下請負契約者
　　　2000 年版（第3版）顧客 → 組　織 → 供給者

図2　認証制度誕生の流れ[注8]

05 認証制度の誕生と全世界への広がり

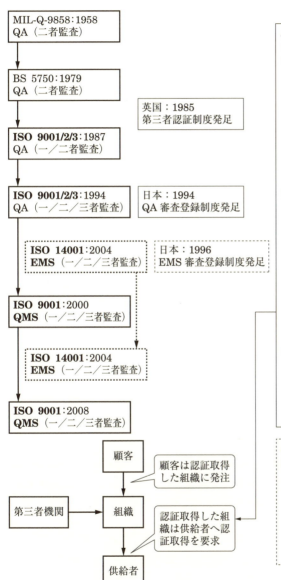

図3 QMS/EMS規格と認証制度

適用できる規格となった[注9]．

これらの規格（第2版）は第1版と大きな相違がないので，ここでの概要の記述は省略する．

この後，9001，9002，9003は，2000年に9001に統合され，その内容もQA（品質保証）からQMS（品質マネジメントシステム）規格へと大幅に改訂（第3版）された．この大幅改訂の要因は，1996年に制定されたISO 14001との両立性を確保するためである．

06　日本におけるISO 9000sに関する認証制度

1987年に，9001，9002，9003の第1版が発行されたが，日本国内の企業はあまり興味を示さなかった．ところが，先に述べたISOの全世界的な広がりが影響し，ヨーロッパの顧客が日本の製品を購入する際に，9001や9002の認証取得を要求するようになった．やがて日本でも認証取得する企業が増加してきたので，日本はISO 9000sを日本の国内規格として認め，1991年にJIS規格（JIS Z 9900s）が初めて制定された．しかし，この時点で日本では認証制度が採用されていなかったため，審査は外資系の認証機関（審査機関）に依頼するという状況だった．

1994年，ようやく日本でも認証制度を採用することになり，認証機関の認定機関として，JAB（日本品質システム審査登録認定協会）が設立された．これに伴い国内系の認証機関が続々と登場し，現在では価格競争が行われるまでに至っている．

07　ISO 14001（環境マネジメントシステム）の登場

1996年にISO 14001, 14004, 14010, 14011, 14012が制定された．14001は，EMS（Environmental Management System）の要求事項を示し，監査・審査

[注9]　・9001:1994　品質システム ― 設計・開発，製造，据付け及び付帯サービスにおける品質保証モデル
　　　・9002:1994　品質システム ― 製造及び据付における品質保証モデル
　　　・9003:1994　品質システム ― 最終検査及び試験における品質保証モデル
　　　・8402:1994　　品質管理及び品質保証 ― 用語
　　　・9000-1:1994　品質管理及び品質保証の規格 ― 第1部：選択及び使用の指針
　　　・9004-1:1994　品質管理及び品質システムの要素 ― 第1部：指針

の対象になる規格である．14004 は EMS の一般的な考え方やその構築についての指針を示しており，監査の対象にはならない．14010，14011，14012 は環境監査の指針を示した規格である[注10]．

ここで，14001 の制定の経緯を考察してみよう．環境問題は公害からスタートしている．日本でも高度経済成長に伴い，水俣病，イタイイタイ病，四日市ぜんそくなどの公害問題が生じてきた．そこでこの問題に対処するため，1967 年に「公害対策基本法」が制定された．同法のもと，徹底的な公害対策が施行され，各種の規制・基準が制定された．企業が創業するには，これらの規制・基準を満足すればよかった．

しかし，近年になって公害問題とは別に地球温暖化，オゾン層の破壊などの地球環境問題が生じてきた．これらの地球環境問題の相互関係を整理して，図4 に示す．この地球環境問題に対処するためには，公害問題のように個々の企業を法規制で取り締まるだけでは解決せず，全世界が協力して対処する必要が強調された．そこで 1992 年に地球サミットが開催され，21 世紀の地球を救うためのアジェンダ 21 が採択された．これを受けて，ISO でも環境に関する国際規格を作成することが決定され，1996 年に 14000s が制定されたのである．

14001 の原案作成に当たって，先輩規格である ISO 9001:1994 が参考にされたが，9001 は先に述べたとおり品質保証（QA）規格である．これと同じ考えで 14001 を作成すると環境保証（EA）の規格となってしまう．EA の規格とは最低限の環境保証，つまり法規制を守ることである．もし，法規制を守る国際規格を制定すれば，先進国と開発途上国の法規制値には大きな差があり，全世界を同じ基準にすることは不可能である．そこで，EMS という概念が適用された．つまり，法規制値については，各国の基準を順守し，これをベースとして，さらに環境にやさしいプラスの側面を環境目的及び目標に設定し，これを達成するためのシステムを新しく構築することを要求したのである．このプラスの側面を達成するためにシステムを構築することを改善といい，これを次々に行うことを継続的改善という[注11]．

[注10] ・14001:1996　環境マネジメントシステム ─ 仕様及び利用の手引
　　　・14004:1996　環境マネジメントシステム ─ 原則，システム及び支援技法の一般指針
　　　・14010:1996　環境監査の指針 ─ 一般原則
　　　・14011:1996　環境監査の指針 ─ 監査手順 ─ 環境マネジメントシステムの監査
　　　・14012:1996　環境監査の指針 ─ 環境監査員のための資格基準

[注11] これから法規制値を満足することをマイナス（−）の側面，それ以上のことに取り組むことをプラス（＋）の側面と表現する．

1章 環境マネジメントシステム　規格の歴史探訪

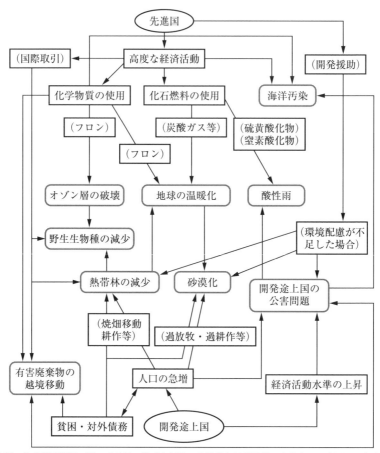

各種の地球環境問題の間には本図に掲げた以外にも複雑な因果関係が存在するが本図では省略した．
（備考）環境庁（現環境省）資料による（「平成2年版環境白書」より）

図4　地球環境問題の相互関係

　さらに，14001の原案作成に当たって，参考にされたのが英国のBS 7750とEC規則のEMASである．これらの規格や規則と14001の制定の背景をまとめたものを 図5 示す．

　ヨーロッパでは，14001制定前からEMASとBS 7750に基づいてEMSが実施されていた．14001の検討に当たって，ヨーロッパの委員は極力，EMASやBS 7750の内容を盛り込むように提案したが，折り合いが付かず，規格の解釈に幅を持たせた，あいまいな規格となってしまった．14001は要求事項（本文）

07 ISO 14001（環境マネジメントシステム）の登場

と利用の手引き（附属書）に分けて作成され，本文は客観的検証が可能なもの，手法が確立されているもの，現在利用が可能なものが組み入れられ，検証が難しい事項や試行段階の方法は手引きに記述されている．もちろん監査・審査の対象になるのは本文のみで，手引きはその対象にはならない．しかし，手引きに記述されていることは，この後の改訂で本文に入ってくる可能性がある．日本は先進国であるので，附属書の内容も考慮に入れてシステム構築をしておくことが重要

EMAS, BS 7750 との比較

EMAS	BS 7750	ISO 14001
＊環境初期調査 ・現場の活動に関する環境上の問題点，影響及びパフォーマンスについての最初の包括的な分析	・環境初期調査は規定していないが，**附属書に環境初期調査が書かれている**	・環境初期調査は規定していないが，**附属書に環境初期調査が書かれている**
＊環境管理システムと監査	＊環境管理システムと監査 a) 影響評価と登録 b) 法規の登録 c) マネジメントマニュアル ・EMAS との両立を意図	＊環境管理システムと監査 ・BS 7750 の a)〜c) は規定されていない
＊環境声明書 ・一般公開を要求	・規定なし	・規定なし
＊その他 ・製造業の**サイト**に適用	・組織に適用	・組織に適用

・ISO 14001 は EMAS や BS 7750 に比べて，かなり**緩和された規格**となっている．
EMAS：Eco-Management and Audit Scheme：環境管理及び環境監査要綱（EC 規則）
BS 7750：環境管理システム（イギリス規格）

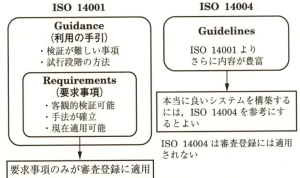

図5　ISO 14001 制定の背景

である．さらに，EMASでは，EMS構築前に，環境初期調査を行うことを義務付けており，EMSを実施した結果を環境声明書（環境報告書）にまとめて一般公開することも要求している．今後の14001の改訂でこれらの内容も徐々に入ってくると考えておいたほうがよい[注12]．

この14001が9001の2000年改訂に大きな影響を与え，9001はQAからQMSに変更されることになった．

14001と14004は2004年に改訂されているが，大きな改訂は行われていない．ISO 14001:2004の概要を**2章**に示したので，2015年版に入る前に，2004年版を再認識していただきたい．

08　日本でのISO 14001の認証制度

ISO 14001:1996（第1版）の適用範囲に次のとおりに記述されている．
・この規格は，次の事項を行おうとするどのような組織にも適用できる．
  a）環境マネジメントシステムを実施し，維持し及び改善する．
  b）表明した環境方針との適合を保証する．
  c）この規格との適合を自己決定し，自己宣言する．
  d）その適合を他者に示す．

この規格は一，二，三者監査に対応しており，自己宣言でも良いとしている．つまり，環境問題に組織が自主的に取り組むことを期待した規格となっている．この点がISO 9001:1994（第2版）とは大きく異なる．

日本では，ISO 14000sが発行されると同時に，JIS Q 14000sが発行され，JABは名称を「日本適合性認定協会」と改め，EMSの認証制度を即座に導入している．なぜこのように動きが早いのかは，1992年に開催された地球サミットの翌年に発行された「環境基本法」に起因している．環境基本法及び関連する法令を**表5**に示す．

環境基本法制定後，政府が発行した第二次環境基本計画に，「政府への環境管理システムの導入を検討」と記述されている．つまり，日本は14001のシステム構築を，国を挙げて推進することにしていたのである．そこで，これを促進す

[注12]　・BS 7750:1994　環境管理システム
　　　　・EMAS:1993　環境管理及び環境監査要綱

表5　環境基本法及び関連法令

法　律	概　要
1993　環境基本法	・公害対策基本法（1967）を廃止し，その内容を本基本法に組み入れた ・**基本施策**：①環境基本計画の策定　②環境基準の策定　③環境影響評価の推進　④環境保全上の支障を防止するための経済的処置　⑤製品アセスメントとリサイクルの促進　⑥環境教育の促進　⑦民間団体等の自発的な活動を推進するための措置 ・環境基本計画（5年後程度を目途に見直し） 　　第二次（2000-12）：長期目標のキーワード（循環，共生，参加，国際的取組み）／**政府への環境管理システムの導入検討** 　　第三次（2006-04）：環境の現状と環境施策の展開の方向／今四半世紀における環境施策の具体的な展開／計画の効果的実施 ・環境基準：大気汚染／水質汚濁／地下水の水質汚濁／土壌汚染／騒音／ダイオキシン類 　　環境基準（強制力なし）→　規制基準　→　社内自主基準（任意）
2000　国等による環境物品等の調達の推進等に関する法律（グリーン購入法）	・改正経緯：2011-02　基本方針一部変更閣議決定 ・適用対象 ①国及び政令で定める独立行政法人及び特殊法人 ②地方公共団体は努力義務 ③事業者は一般責務 ④特定調達物品目（判断基準）：19分類（261品目） 　＊紙類，文具類，オフィス家具類，OA機器，移動電話，家電製品，エアーコンディショナー等，温水器等，証明，自動車，消火器，制服・作業服，インテリア寝装寝具，作業手袋，その他繊維製品，設備，防災備品用品，公共工事，役務（省エネ診断他） ・なすべきこと ①国等の義務：基本方針　→　調達方針（公表）　→　調達実績（公表） ②地方公共団体の努力義務：調達方針　→　調達目標　→　調達
2000　循環型社会形成推進基本法	・適用対象 ①国 ②地方公共団体 ③事業者 ④国民 ・なすべきこと ①具体的な義務はなく，**責務**が課せられる ②国の責務：基本計画の策定 ③事業者の責務：循環的利用及び処分 　優先順位：①発生抑制（Reduce），②再使用（Reuse），③再利用（Recycle），④熱回収，⑤適正処分

るには認証制度の採用が効果的と判断したのだった．認証制度を採用すれば，組織が自らシステム構築をし，その実施状況は第三者機関が審査を行い，その審査費用は受審する組織が負担することになり，国にとっては好都合な制度と判断されたのである．

　この認証制度が導入されると，県や市が率先して14001の認証取得に動き，地域の企業に認証取得を勧め，普及するようになった．さらに，2000年にグリーン購入法が制定され，県や市は環境配慮型の製品を購入し，公共工事は環境を配慮した企業に発注するようになった．県や市は9001も認証取得してくれるとサービスが良くなり，市民にとっては有難いことであるが，9001の取得はなかなか進まなかったのが現状である．

09　簡易版（KES，エコアクション21）による認証制度の発足

　ISO 14001の認証取得件数は，2004年に約20,000件となったが，それ以降，取得件数は伸び悩んでいるのが実状であった．その理由は大企業はほとんど認証取得したが，中小企業の取得が伸びなかったことにある．

　そのような状況下で2001年に京都府が，KES（京都・環境マネジメントシステム スタンダード）を制定し，中小企業向けの認証制度を発足させた．各都道府県もKESをモデルにした認証制度を採用し，その普及に努めるようになった．一方，環境省も新エコアクション21を2004年に制定し，中小企業向けの認証制度を発足させた．KESとエコアクション21とは相互認証することができるようになっている．認証取得の費用も14001の認証取得より格段に安いので，14001を認証取得している組織が，簡易版に切り替える動きも出てきている．これらの簡易版と14001の要求項目を比較して，　表6　に示す．

　エコアクション21は4つのパート（①環境への負荷の自己チェック，②環境への取組みの自己チェック，③環境経営システム，④環境活動レポート）で構成されている．①と②は初期調査を，④は環境報告書をイメージしている．つまり，先に述べたEC規則であるEMASの考えが盛り込まれていることがわかる．

　これらの簡易版は，中小企業向けに制定されていたISO 9003:1994に相当するものである．この9003は，次に述べる2000年改訂で消滅することになる．

09 簡易版（KES，エコアクション 21）による認証制度の発足

表6　新エコアクション 21：2004 と KES との項目比較

ISO 14001：2004 EMS－要求事項及び利用の手引	新エコアクション 21：2004 （環境活動評価プログラム） 環境省	KES（京都・環境マネジメントシステム　スタンダード）：2001	
		ステップ1	ステップ2
0. 序文		0. 序文	0. 序文
1. 適用範囲	**4つのパート** ①環境への負荷の自己チェック ②環境への取組みの自己チェック ③環境経営システム（12ヶ） ④環境活動レポート	1.1 適用範囲	2.1 適用範囲
2. 引用規格		―	―
3. 用語及び定義		1.2 定義	2.2 定義
4.環境マネジメントシステム要求事項 4.1 一般要求事項 （A.1 初期環境調査）		1.3 要求事項 1.3.1 一般要求事項	2.3 要求事項 2.3.1 一般要求事項
4.2 環境方針	1. 環境方針の作成	1.3.2 環境宣言	2.3.2 環境宣言
4.3 計画 4.3.1 環境側面	2. 環境負荷と環境への取組み状況の把握及び評価	1.3.3 計画	2.3.3 計画 （1）環境影響項目
4.3.2 法的及びその他の要求事項	3. 環境関連法規制等の取りまとめ	―	（2）法律その他の規制
4.3.3 目的，目標及び実施計画	4. 環境目標及び環境活動計画の策定	（1）環境改善目標	（3）環境改善目標
	4. 環境目標及び環境活動計画の策定	（2）環境改善計画	（4）環境改善計画
4.4 実施及び運用 4.4.1 資源，役割，責任及び権限	5. 実施体制の構築	1.3.4 実行	2.3.4 実行 （1）体制と責任
4.4.2 力量，教育訓練及び自覚	6. 教育訓練の実施	―	（2）教育と訓練
4.4.3 コミュニケーション	7. 環境コミュニケーション	―	（3）情報の連絡
4.4.4 文書類	11. 環境関連文書及び記録の作成・整理	（1）文書 （マニュアルのサンプル有り）	（4）文書体系 （マニュアルのサンプル有り）
4.4.5 文書管理	（11）	―	（5）文書の管理
4.4.6 運用管理	8. 実施及び運用	（2）活動	（6）活動
4.4.7 緊急事態への準備及び対応	9. 環境上の緊急事態への準備及び対応	―	（7）緊急事態への準備と対応
4.5 点検 4.5.1 監視及び測定 4.5.2 順守評価	10. 取組み状況の確認及び問題点の是正		2.3.5 確認と修正 （1）確認
4.5.3 不適合/是正/予防処置	10. 取組み状況の確認及び問題点の是正	―	（2）修正と予防
4.5.4 記録の管理	11. 環境関連文書及び記録の作成・整理	―	（3）記録
4.5.5 内部監査	（10：可能な場合）	―	（4）自己評価
4.6 マネジメントレビュー	12. 代表者による全体の評価と見直し	1.3.5 最高責任者による評価	2.3.6 最高責任者による評価
・国際規格 ・一/二/三者監査 ・JABへ登録 ・自己宣言 ・（ISO 19011 対応）	・認証・登録制度 ・中央事務局/地域事務局 ・地域版 EMS と相互認証 ・審査人の資格認定 ・環境活動レポートの公表	・KES 認証事業部による審査登録，登録リストの公表 ・「審査登録のガイド」有り ・「構築の手引」有り 　I　京都・環境マネジメントシステム構築の手順（ステップ 1/2） 　II　環境影響評価プログラム（評価方法/事例） ・「マニュアルのサンプル」有り（ステップ 1/2）	

10　ISO 9001 の大幅改訂（2000 年改訂）

9001，9002，9003 は，2000 年に 9001 に統合され，その内容も QA（品質保証）から QMS（品質マネジメントシステム）規格へと大幅に改訂（第 3 版）された．8402 は 9000 の中に組み込まれ，9000，9001，9004 の 3 つの規格に整理された[注13]．

ここで，9001 に記述されている，顧客，受注企業，受注企業の外注先の呼び方が第 3 版で変更されているので，下記に整理しておく．

> 1987 年版（第 1 版）：顧客 → 供給者 → 下請負契約者
> 1994 年版（第 2 版）：顧客 → 供給者 → 下請負契約者
> 2000 年版（第 3 版）：顧客 → 組織　　→ 供給者

第 1 版及び第 2 版では，顧客が要求する品質保証（QA）規格であるため，受注企業を供給者と表現していた．第 3 版ではこれを組織と表現し，受注企業の外注先を供給者と表現しているので，規格を読むときに注意が必要である．これまでの解説では，規格が適用される組織を供給者と表現してきたが，第 3 版以降の解説では組織と表現する．

これらの新旧規格の目次比較を　表7　に示す．9001 規格の適用範囲の変遷を　表8　に示す．QA から QMS へ変更になった原因は，1996 年に ISO 14001 が環境マネジメントシステム（EMS）として誕生し，これとの両立性を保つためである．

QA と QMS の相違についてまとめたものが，　図6　である．ISO 9001: 2000（第 3 版）で，主な改訂内容の目玉として取り上げられたのが「継続的改善」と「顧客満足の向上」である．この 2 つを理解するには，「7.2.1　製品に関連する要求事項の明確化」に記載されている内容を分析すればよい．7.2.1 項を要約すると，製品に関する要求事項として，次の 4 つを要求している．

a）顧客の要求事項（−）
b）用途が既知である要求事項（0）

[注13]　・9000：2000　品質マネジメントシステム ― 基本及び用語
　　　　・9001：2000　品質マネジメントシステム ― 要求事項
　　　　・9004：2000　品質マネジメントシステム ― パフォーマンス改善の指針

10 ISO 9001 の大幅改訂（2000 年改訂）

表7　ISO 9000s:1994 と ISO 9001:2008 の目次比較

番号	章題	1994年版 9001	9002	9003	2008年版 9001
4.1	経営者の責任	■	■	○	5　経営者の責任 6　資源の運用管理
4.2	品質システム	■	■	○	4　品質マネジメントシステム 7.1　製品実現の計画
4.3	契約内容の確認	■	■	■	5.2　顧客重視 7.2　顧客関連のプロセス
4.4	設計管理	■	×	×	7.3　設計・開発
4.5	文書及びデータの管理	■	■	■	4.2　文書化に関する要求事項
4.6	購買	■	■	×	7.4　購買
4.7	顧客支給品の管理	■	■	■	7.5.4　顧客の所有物
4.8	製品の識別及びトレーサビリティ	■	■	○	7.5.3　識別及びトレーサビリティ
4.9	工程管理	■	■	×	6.3　インフラストラクチャー 6.4　作業環境 7.5　製造及びサービス提供
4.10	検査・試験	■	■	○	7.1　製品実現の計画 7.4.3　購入製品の検証 8.2.4　製品の監視及び測定
4.11	検査，測定及び試験装置の管理	■	■	■	7.6　監視機器及び測定機器の管理
4.12	検査・試験の状態	■	■	■	7.5.3　識別及びトレーサビリティ
4.13	不適合品の管理	■	■	○	8.3　不適合製品の管理
4.14	是正処置及び予防処置	■	■	○	8.5.2　是正処置 8.5.3　予防処置
4.15	取扱，保管，包装，保存及び引渡し	■	■	■	7.5.1　製造及びサービス提供の管理 7.5.5　製品の保存
4.16	品質記録の管理	■	■	○	4.2.4　記録の管理
4.17	内部品質監査	■	■	○	8.2.2　内部監査 8.2.3　プロセスの監視及び測定
4.18	教育・訓練	■	■	○	6.2.2　力量，教育・訓練及び認識
4.19	付帯サービス	■	■	×	7.5.1　製造及びサービス提供の管理
4.20	統計的手法	■	■	○	8.1　一般 8.2　監視及び測定 8.4　データの分析

（凡例）　■：総合的な要求事項
　　　　○：ISO 9001/2:1994 より総合的でない要求事項
　　　　×：存在しない要求事項

表8　ISO 9001 規格の適用範囲の変遷

規　格	適　用　範　囲	備　考
ISO 9001 （1987 年版）	・**外部品質保証**（External Quality Assurance） ・供給者の能力を実証することが，購入者と供給者との**契約**で必要とされる場合に用いる品質システムの要求事項を規定する． ・**不適合**を**防止**することを第一の目的とする．	QA 第一／二者監査
ISO 9001 （1994 年版）	・**外部品質保証**（External Quality Assurance） ・供給者がその能力を実証するため，及び**外部関係者**が供給者の能力を評価するために適した…… ・**不適合**を**防止**することによって**顧客の満足**を得ることを第一のねらいとしている．	QA 第一／二／三者監査
ISO 9001 （2000 年版）	・**品質マネジメントシステム**（Quality Management System）の**要求事項** ・顧客要求事項，規制要求事項及び組織固有の要求事項を満たす組織の能力を，組織自身が**内部**で評価するためにも，**審査登録機関**を含む**外部機関**が評価するためにも使用できる．（0 序文　0.1 一般） ・この規格は，次の二つの事項に該当する組織に対して，品質マネジメントシステムに関する要求事項を規定するものである．（1 適用範囲　1.1 一般） 　a ）顧客要求事項及び適用される規制要求事項を満たした製品を一貫して提供する能力をもつことを実証する必要がある場合． 　b ）品質マネジメントシステムの**継続的改善**のプロセスを含むシステムの効果的な運用，並びに**顧客要求事項**及び適用される**規制要求事項**への適合の保証を通して，顧客満足の 向上 を目指す場合．	QMS の要求事項 第一／二／三者監査
ISO 9001 （2008 年版） 追補改訂	・**品質マネジメントシステム**（Quality Management System）の要求事項 ・この規格は，製品に適用される顧客要求事項及び**法令・規制要求事項**並びに組織固有の要求事項を満たす組織の能力を，組織自身が**内部**で評価するためにも，**認証機関**を含む**外部機関**が評価するためにも使用することができる．（0 序文　0.1 一般） ・この規格は，次の二つの事項に該当する組織に対して，品質マネジメントシステムに関する要求事項について規定する．（1 適用範囲　1.1 一般） 　a ）顧客要求事項及び適用される法令・規制要求事項を満たした製品を一貫して提供する能力をもつことを実証する必要がある場合 　b ）品質マネジメントシステムの**継続的改善**のプロセスを含むシステムの効果的な適用，並びに顧客要求事項及び適用される法令・規制要求事項への適合の保証を通して，**顧客満足**の 向上 を目指す場合	QMS の要求事項 第一／二／三者監査

（適用範囲の内容は JIS 規格からの引用）

10　ISO 9001 の大幅改訂（2000 年改訂）

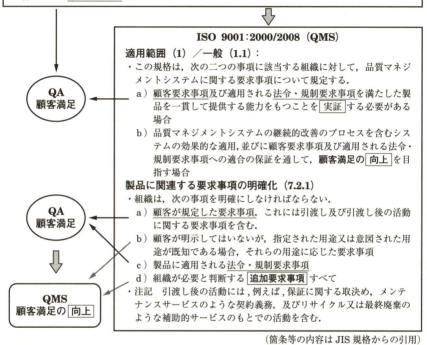

図 6　顧客満足から顧客満足の向上へ

c）法令・規制要求事項（−）
d）追加要求事項（＋）[注14]

　この中で，a）と c）は，ISO 9001:1994（第 2 版）でも要求していた．この 2 つは顧客への品質を保証する最低限の要求（QA）であり，これを満たさなければ，クレームとなるのである．つまり，a）と c）を満たすことが顧客満足と

[注14]　話をわかりやすくするため，a）と c）をマイナス（−）の側面，b）を 0 点，d）をプラス（＋）の側面と表現した（規格にはない表現である）．

称されていた．2000年の改訂では，b）とd）が追加になった．b）は顧客が明示していないが，常識として当然行うべき要求事項を示している．d）は顧客が要求していないが，組織として顧客のためになる追加要求事項を付加することである．つまり，b）とd）を行うことにより，顧客満足の向上を目指すことになったのである．特にd）を達成するには組織は新たなシステムの構築が必要となる．この新たなシステムを構築することが改善であり，これを次々に行うことが継続的改善となるのである．以上述べたQA/QMS及びEA/EMSの考え方，そしてISO 9001/ISO 14001の適用範囲と監査との関係をまとめて 図7 に示す．

この後，9001に使われる用語の定義が見直され，ISO 9000:2005が発行され

図7　QA/QMS/EMSの考え方（一例）

ている．9001 は 2008 年に改訂されているが，大幅改訂には至らず，追補改訂として発行された．さらに，9004 が 2009 年に大幅に改正され，発行されている．

これらの現状で使用されてきた 9000s の概要と，ISO 9001:2015 の逐次解説については「ISO マネジメントシステム強化書 ISO 9001:2015」にて紹介しているので参照願いたい．

11　継続的改善

継続的改善という概念は，ISO 14001:1996（第 1 版）で登場し，その後 ISO 9001:2000 でも登場することになった．継続的改善について，この 2 つの規格でどのように定義されているのかをまとめたものを 図8 に示す．継続的改善の定義は下記のとおりであり，全く異なるものになっている．
- 9000 ：要求事項を満たす能力を高めるために繰り返し行われる活動．
- 14001：組織の環境方針と整合して全体的な環境パフォーマンスの改善を達成するために環境マネジメントシステムを向上させる繰返しのプロセス．

9000 に記載されている継続的改善はプラスの側面が入っていない．そこで，要求事項の定義を見てみると，9000 では下記のように定義されている．
- 要求事項：明示されている，通常，暗黙のうちに了解されている若しくは義務として要求されている，ニーズ又は期待

QA のときの要求事項は，明示（顧客要求事項）及び義務（法規制順守）であり，2000 年改訂で QMS になったので，暗黙（用途が既知）が追加になっている．しかし，追加要求事項（プラスの側面）が抜けているので，この定義は QMS になりきっていないのである．このため，継続的改善の定義が相違している．

幸いにして，ISO 9001:2000/2008 では，7.2.1 項の d）に追加要求事項が入っているので，QMS になったといえる．組織は，品質方針でこの追加要求事項を具体的に示し，それを品質目標として達成するためにシステムを変更（改善）することが求められている．

この継続的改善の定義は，2015 年に ISO 14001 の趣旨に合わせた定義に改訂されている．

1章 環境マネジメントシステム 規格の歴史探訪

継続的改善（14001：3.2）：2004
- 組織の環境方針と整合して全体的な環境<u>パフォーマンス</u>の改善を達成するために環境マネジメント<u>システム</u>を向上させる繰り返しのプロセス。
- 参考：このプロセスはすべての活動分野で同時に進める必要はない。

継続的改善（9000：3.2.13）：2005
- <u>要求事項を満たす能力を高めるために繰り返し行われる活動</u>。
- 注記：改善のための目標を設定し，改善の機会を見出すプロセスは，監査所見及び監査結論の利用，データの分析，マネジメントレビュー又は他の方法を活用した継続的なプロセスであり，一般に是正処置又は予防処置につながる

不適合（14001：3.15）：2004
- 要求事項を満たしていないこと
不適合（9000：3.6.2）：2000/2005
- 要求事項を満たしていないこと

不適合の定義が変わった

不適合（8402：2.10）：1994
- 規定要求事項を満たしていないこと

製品に関連する要求事項の明確化
（9001：7.2.1）：2008
- 組織は，次の事項を明確にしなければならない．
  a）顧客が規定した要求事項．これには引渡し及び引渡し後の活動に関する要求事項を含む．
  b）顧客が明示してはいないが，指定された用途又は意図された用途が<u>既知</u>である場合，それらの用途に応じた要求事項
  c）製品に適用される法令・規制要求事項
  d）組織が必要と判断する<u>追加要求事項すべて</u>

要求事項（9000：3.1.2）：2005
- <u>明示</u>されている，通常，暗黙のうちに了解されている若しくは<u>義務</u>として要求されている，ニーズ又は期待
- 注記1：通常<u>暗黙</u>のうちに了解されているとは，対象となる期待が暗黙のうちに了解されていることが，組織，その顧客及びその他の利害関係者にとって<u>習慣又は</u>慣行であることを意味する．
- 注記2：特別の種類の要求事項であることを示すために，修飾語を用いることがある．
  例：**製品**要求事項，**品質**マネジメント要求事項，**顧客**要求事項
- 注記3：<u>規定</u>要求事項とは，例えば文書で，明示されている要求事項である．
- 注記4：要求事項は，異なる利害関係者から出されることがある．

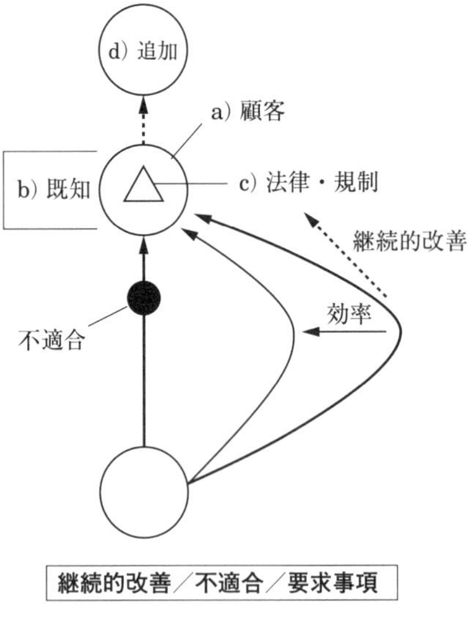

0.3　JIS Q 9004 との関係（9001：2008）
- この規格の発行時，ISO 9004 は<u>改正作業中</u>である．
- ISO 9004 の改正版は，経営層に対し，複雑で，過酷な，刻々と変化する環境の中で，組織が持続的成功を達成するための手引を提供する予定である．
- ISO 9004 は，**認証，規制**又は**契約**のために使用することを意図したものでは<u>ない</u>．

有効性（effectiveness）（9000：3.2.14）：2005
- 計画した活動が実行され，計画した結果が達成された程度．
効率（efficiency）（9000：3.2.15）：2005
- 達成された結果と使用された資源との関係．

継続的改善／不適合／要求事項

（箇条等の内容は JIS 規格からの引用）

図8　継続的改善

12　ISO 9001 と ISO 14001 の同時採用

　ISO 9001:1994 の引用規格である ISO 8402:1994 に記載されている製品の定義は「活動又はプロセスの結果」となっており、製品には「意図した製品」と

製品に関する定義

2000/2008 年改訂版	1994 年版
2000 年版 ・プロセスの結果（9000:3.4.2） ・製品という用語は、顧客向けに**意図された製品**又は顧客が要求した製品に限られて使われる。（9001:1.1 参考） 2008 年版（9001:1.1） ・注記1：この規格の"製品"という用語は、次の製品に限定して用いられる。 　a) 顧客向けに**意図された製品**、又は顧客に要求された製品 　b) 製品実現プロセスの結果として生じる、意図したアウトプット<u>すべて</u>	・活動又はプロセスの結果（8402:1.4） ・製品には、**意図した**もの（例えば、顧客への提供物）又は**意図しない**もの（例えば、汚染物又は望まなかった影響）のいずれかがある（8402:1.4 参考 3） ・製品は提供することを**意図した**製品を意味する。環境に影響する**意図しない**副産物には適用しない。これは、ISO 8402 で規定する定義とは異なる。（9001:3.1 参考 4）

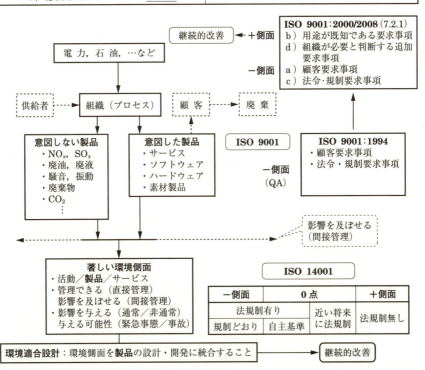

図9　ISO 9001 と 14001 をつなぐ製品の概念

「意図しない製品」があると記述されている．9001 の製品は意図した製品を意味し，顧客に提供する意図した製品が不適合品とならないためのシステム上の要求事項が記載されている．一方，14001 で取り扱う環境側面は，活動，製品，サー

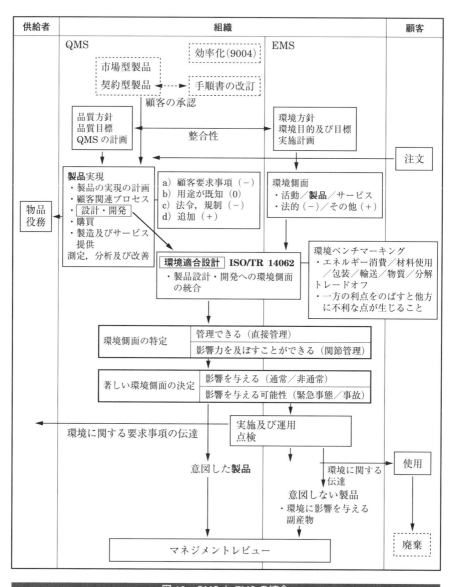

図 10　QMS と EMS の統合

ビスの3要素があり，この製品は9001で取り扱う意図した製品も含む．すなわち，環境配慮型の製品が要求されている．14001では意図した製品と意図しない製品（NO_x, SO_x, 廃油, 廃液, 廃棄物, CO_2 など）の両方を取り扱うことになる．これらの関係を 図9 及び 図10 に示す．

9001と14001の両方を適用している組織は，まず意図した製品を環境配慮型の製品とし，9001の仕組みを通して不適合品を出さないように管理することが重要である．意図しない製品は14001の仕組みを通して環境上の不適合が生じないようにし，さらに改善を行うことが求められている．

環境配慮型の製品を考慮する場合，ISO/TR 14062:2002（環境適合設計）を参考にして設計をするとよい．

13 監査の規格の統合

監査及び審査の基準の制定経緯を 表9 に示す．監査の基準を規定した規格として，ISO 9000sに対してはISO 10011sが，ISO 14000sに対してはISO 14010，14011，14012が制定され，各々の監査／審査ではこれらが適用されてきた．しかし，QMS及びEMSの監査／審査を行う場合，適用対象規格が異なるだけで，監査技法そのものは同じであり，これらの規格の統一が行われ，2002年にISO 19011（品質及び／又は環境マネジメントシステム監査のための指針）が制定された．

19011は主として一者監査，二者監査，三者監査に適用される指針だった．しかし，19011には第三者機関の審査に関する手続き（初回審査，サーベイランス，再認証審査など）が記載されていなかったため，これらの手続きを規定した規格として，2006年にISO/IEC 17021が制定された．

この17021では，審査技法については19011を引用するように記載されていた．認証機関が審査を行う時は，この2つの規格を参照する必要があったが，これでは煩雑であるということで，17021は19011を切り離し，単独規格として2011年に改訂された．

一方，19011もQMSとEMSに関する監査の指針からその他のMS（労働安全衛生，食品安全衛生，情報セキュリティなど）にも適用できる規格に2011年に改訂された．

その後，17021は力量要求事項として，2012年にISO/IEC TS 17021-2（第2

表9 監査／審査 の基準の制定変遷

第一者監査，第二者監査，第三者監査

品　質	環　境
ISO 10011-1：1990 品質システムの監査の指針／第1部：監査 **ISO 10011-2：1991** 品質システムの監査の指針／第2部：品質システム監査員の資格基準 **ISO 10011-3：1991** 品質システムの監査の指針／第1部：監査プログラムの管理	**ISO 14010：1996** 環境監査の指針／一般原則 **ISO 14011：1996** 環境監査の指針／監査手順／環境マネジメントシステムの監査 **ISO 14012：1996** 環境監査の指針／環境監査員のための資格基準
ISO 19011：2002 品質及び／又は環境マネジメントシステム監査のための指針	
ISO 19011：2011 マネジメントシステム監査のための指針	

第三者審査

品　質	環　境
ISO/IEC Guide 62：1996 品質マネジメントシステム（QMS）の審査登録機関に対する一般要求事項	**ISO/IEC Guide 66：1999** 環境マネジメントシステム（EMS）の審査登録機関に対する一般要求事項
ISO/IEC 17021：2006 適合性評価―マネジメントシステムの審査及び認証を行う機関に対する要求事項 （ISO 19011：2002 を引用規格とし，本文中で参照することを記述）	
ISO/IEC 17021：2011 適合性評価―マネジメントシステムの審査及び認証を行う機関に対する要求事項 （ISO 19011 に関する参照箇所を削除）	
ISO/IEC TS 17021-3：2013 第3部：品質マネジメントシステムの審査及び認証に関する力量要求事項	**ISO/IEC TS 17021-2：2012** 第2部：環境マネジメントシステムの審査及び認証に関する力量要求事
ISO/IEC 17021-1：2015 適合性評価―マネジメントシステムの審査及び認証を行う機関に対する要求事項 　第1部：要求事項	

部：環境マネジメントシステムの審査及び認証に関する力量要求事項）を，2013年に ISO/IEC TS 17021-3（第3部：品質マネジメントシステムの審査及び認証に関する力量要求事項）が制定されている．これに伴い，本体の17021は，2015年に ISO/IEC TS 17021-1（第1部：要求事項）として改訂されている．この改訂は，章構成に一部入替えがあるのみで，2011年版からの大きな内容の変更はない．

　17021の改訂で，特に注意すべき点を示す．まず，審査の依頼者の定義である．表10 を参照願いたい．ISO 10011：1990 では第三者機関による審査の依頼者

13 監査の規格の統合

表 10　監査／審査の依頼者

ISO 10011/19011	ISO/IEC 17021
ISO 10011-1：1990　3.4 依頼者（client） ・監査を依頼する個人又は組織 ・備考10　次の場合も依頼者ということができる。 　a）自分自身の品質システムをある品質システム規格に照らして監査を受けたいと望む者 　b）自分自身の監査員又は第三者を使って供給者の品質システムを監査したいと欲する顧客 　c）品質システムが，提供される製品又はサービスに対して適切な管理が行われているかどうかを確認する権限を与えられている独立機関（例えば，食品，薬品，核物質，その他の取締機関） 　d）<u>被監査組織の品質システムを登録するために監査を行うことを課せられた独立機関</u>	
ISO 19011：2002　3.6 監査依頼者（audit client） ・監査を要請する組織又は人 ・参考　監査依頼者は，被監査者であってもよく，又は規制上若しくは契約上監査を要請する権利をもつ<u>他の組織</u>であってもよい。	**ISO 9000：2005　3.9.7** （ISO 19011：2002 に同じ） **ISO/IEC 17021：2006** ・引用規格：ISO 9000:2005/ISO 19011:2002
ISO 19011：2011　3.6 監査依頼者（audit client） ・監査を要請する組織又は人． ・注記　内部監査の場合，監査依頼者は，<u>**被監査者**</u>又は監査プログラムの管理者でもあり得る。 　<u>外部監査</u>の要請は，規制当局，契約当事者又は潜在的な顧客からあり得る。	**ISO/IEC 17021：2011　3.5 依頼者（client）** ・認証目的でマネジメントシステムの<u>**審査を受ける組織**</u>

ISO 10011-1：1990	品質システムの監査の指針
ISO 19011：2002	品質及び／又は環境マネジメントシステム監査のための指針
ISO 19011：2011	マネジメントシステム監査のガイドライン
ISO/IEC 17021：2006	適合性評価 ― マネジメントシステムの審査及び認証を行う機関に対する要求事項
ISO/IEC 17021：2011	同上
ISO 9000：2005	品質マネジメントシステム ― 基本及び用語

1章 環境マネジメントシステム 規格の歴史探訪

表11 監査員／審査員の力量

力量の定義

ISO 19011:2011	ISO/IEC 17021:2011
19011:2002 3.14 ・実証された 個人的特質 ，並びに知識及び技能を適用するための実証された能力	17021:2006（2引用規格） ・引用規格（9000:2005/19011:2002） 　ISO 9000:2005 3.1.6 　・知識及び技能を適用するための実証された能力 　・備考：この規格では，力量の概念を一般的な意味で定義している．他のISO文書では，この用語の使い方がより固有なものとなり得る． 　ISO 9000:2005 3.9.14 　・〈監査〉実証された 個人的特質 ，並びに知識及び技能を適用するための実証された能力
ISO 19011:2011 3.17 ・意図した結果を達成するために，知識及び技能を適用する能力． ・注記 能力とは，監査プロセスにおける個人の行動の適切な適用を意味する	17021:2011 3.7 ・意図した結果を達成するために，知識及び技能を適用する能力．

力量：competence　知識：knowledge　技能：skill　能力：ability
個人的特質：personal attributes　個人の行動：Personal behaviours

は審査機関となっていた．審査機関の中に，審査を行う部門と審査結果を評価して証明書を発行する部門を設け，顧客に代わって審査を代行するという制度だった．しかし，17021の改訂によって，依頼者は受審組織となった．これでは，受審組織に追従するような審査が行われるのではないかと懸念される．改訂された19011の依頼者の定義は17021とは異なり，審査機関であるともとれる表現になっている．

次に注意すべき点は，監査員／審査員の力量の定義である．表11を参照願いたい．もともと力量の定義として，知識，技能及び個人的特質の3つが要求されていた．ジョンソン氏は「知識と技能は誰でも習得できる．しかし，自分が多くの監査員を養成してきたが，20％の人は監査員に向かない人がいる．それは個人的特質の欠如である」と言われていた．審査員／監査員は人を相手にする

表12　個人の行動（個人的特質）

ISO 19011:2011（JIS Q 19011:2012）	ISO/IEC 17021:2011
7.2.2　個人の行動 ・監査員は，箇条4に示す監査の原則に従って行動するために必要な資質を備えていることが望ましい．監査員は，監査活動を実施している間，次の事項を含む<u>専門家</u>としての行動を示すことが望ましい． 　－ **倫理的**である．すなわち，公正である，信用できる，誠実である，正直である，そして分別がある 　－ **心が広い**．すなわち，別の考え方又は視点を進んで考慮する 　－ **外交的**である．すなわち，<u>目的を達成するように人と上手に接する</u> 　－ **観察力**がある．すなわち，物理的な周囲の状況及び活動を積極的に観察する 　－ **知覚が鋭い**．すなわち，状況を認知し，理解できる 　－ **適応性**がある．すなわち，異なる状況に容易に合わせることができる 　－ **粘り強い**．すなわち，根気があり，目的の達成に集中する 　－ **決断力**がある．すなわち，論理的な理由付け及び分析に基づいて，時宜を得た結論に到達することができる 　－ **自立的**である．すなわち，他人と効果的なやりとりをしながらも独立して行動し，役割を果たすことができる 　－ **不屈の精神**をもって行動する．すなわち，その行動が，ときには受け入れられず，意見の相違又は対立をもたらすことがあっても，進んで<u>責任をもち</u>，倫理的に行動することができる． 　－ **改善**に対して前向きである．すなわち，進んで状況から学び，よりよい監査結果のために努力する 　－ **文化**に対して敏感である．すなわち，被監査者の文化を観察し，尊重する 　－ **協働的**である．すなわち，監査チームメンバー及び被監査者の要員を含む他人と共に効果的に活動する（collaborative）	附属書D（参考）　望ましい個人の行動 ・マネジメントシステムの種類を問わず，認証活動にかかわる要員にとって重要な個人の行動の例は，次のとおりである． 　a）**倫理的**である．すなわち，公正である，信用できる，誠実である，正直である，そして分別がある． 　b）**心が広い**．すなわち，別の考え方又は視点を進んで考慮する． 　c）**外交的**である．すなわち，目的を達成するように人と上手に接する． 　d）**協力的**である，すなわち，他人と効果的なやり取りをする．（collaborative） 　e）**観察力**がある．すなわち，物理的な周囲の状況及び活動を積極的に意識する． 　f）**知覚が鋭い**．すなわち，状況を直感的に認知し，理解できる． 　g）**適応性**がある．すなわち，異なる状況に容易に合わせる． 　h）**粘り強い**．すなわち，根気があり，目的の達成に集中する． 　i）**決断力**がある．すなわち，論理的な思考及び分析に基づいて，時宜を得た結論に到達する． 　j）**自立的**である．すなわち，独立して行動し，役割を果たす． 　k）**職業人**である．すなわち，仕事場において礼儀正しく，誠実で，総じて職務に適した態度を示している． 　l）**精神的に強い**．すなわち，その行動が，ときには受け入れられず，意見の相違又は対立を招くことがあっても，進んで<u>責任をもち</u>，倫理的に行動する． 　m）**計画的**である．すなわち，効果的な時間管理を行い，優先順位を付け，計画を作成し，効率の良さを示す． ・行動の決定は状況次第であり，<u>弱点</u>は特定の状況になって初めて明白になることがある．認証機関は，認証活動に悪影響を及ぼす弱点が発見された場合は，それに対して適切な措置を講じることが望ましい．

ISO 19011:2011の「倫理的〜自立的」までが，ISO 19011:2002に 個人的特質 として記載されていた．

個人的特質：personal attributes　　個人の行動：Personal behaviours

ので，個人的特質の優れた人が求められるのは当然である．ところが，17021ではこの個人的特質を削除している．ここでもまた，柔軟性や見識に欠けた審査員が増えるのではないかと懸念される．一方，19011の改訂版では知識と技能に加えて個人の行動が要求されている．個人の行動とはどのようなものであるのかを **表12** に示す．従来の個人的特質にさらに項目が追加されている．17021にも個人の行動の記載はあるが，これは附属書に記述されており，要求事項にはなっていない．

14 マネジメントシステム規格の章構成の統一

「はじめに」で示したとおり，Annex SL（ISO/IEC専門業務用指針：テキスト並びに共通用語及び中核となる定義）が2013年4月に発行された．今後作成・改訂されるMSSはこの共通テキストに基づいて作成されることになる．Annex SLの概要については付録に示しているので，参照願いたい．

Annex SLに記載されているAppendix 2とISO 9001:2008，ISO 14001:2004の目次を比較して **表13** に示す．

現在適用されている，ISO 14001:2004の概要を**2章**にまとめてあるので，現状の規格を再認識して，**3章**に示す「ISO 14001:2015の概要」及び**4章**に示す「2015年版と2004年版の詳細比較」を読んでいただきたい．

表13 Annex SLと現状のISO 9001/ISO 14001との目次比較

Annex SLに基づく作業原案		ISO 9001:2008	ISO 14001:2004
1. 適用範囲		1. 適用範囲	1. 適用範囲
2. 引用規格		2. 引用規格	2. 引用規格
3. 用語及び定義 3.01 組織 3.02 利害関係者 3.03 要求事項 3.04 マネジメントシステム 3.05 トップマネジメント 3.06 有効性 3.07 方針 3.08 目的 3.09 リスク 3.10 力量 3.11 文書化した情報	3.12 プロセス 3.13 パフォーマンス 3.14 外部委託する 3.15 監視 3.16 測定 3.17 監査 3.18 適合 3.19 不適合 3.20 是正処置 3.21 継続的改善	3. 用語及び定義 （ISO 9000による）	3. 用語及び定義 （3.1〜3.20）

14 マネジメントシステム規格の章構成の統一

4. 組織の状況 4.1 組織及びその状況の理解 4.2 利害関係者のニーズ及び期待の理解 4.3 xxxマネジメントシステムの適用範囲の決定 4.4 xxx マネジメントシステム	 5.2 顧客重視 4.1 一般要求事項 **4. 品質マネジメントシステム**	4.3.1 環境側面 4.3.2 法的及びその他の要求事項 4.1 一般要求事項
5. リーダーシップ 5.1 リーダーシップ及びコミットメント 5.2 方針 5.3 組織の役割,責任及び権限	**5. 経営者の責任** 5.1 経営者のコミットメント 5.3 品質方針 5.5 責任,権限及びコミュニケーション	 4.2 環境方針 4.4.1 資源,役割,責任及び権限
6. 計画 6.1 リスク及び機会への取り組み 6.2 xxx目的及びそれを達成するための計画策定	5.4 計画 5.4.1 品質目標 5.4.2 品質マネジメントシステムの計画	4.3 計画 4.3.3 目的,目標及び実施計画
7. 支援 7.1 資源 7.2 力量 7.3 認識 7.4 コミュニケーション 7.5 文書化した情報 7.5.1 一般 7.5.2 作成及び更新 7.5.3 文書化した情報の管理	**6. 資源の運用管理** 6.1 資源の提供 6.3 インフラストラクチャー 6.4 作業環境 7.6 監視機器及び測定機器の管理 6.2 人的資源 6.2.2 力量,教育・訓練及び認識 5.5.3 内部コミュニケーション 4.2 文書化に関する要求事項 4.2.1 一般 4.2.2 品質マニュアル 4.2.3 文書管理 4.2.4 記録の管理	 4.4.2 力量,教育訓練及び自覚 4.4.3 コミュニケーション 4.4.4 文書類 4.4.5 文書管理 4.5.4 記録の管理
8. 運用 8.1 運用の計画及び管理	**7. 製品実現** 7.1 製品実現の計画 7.2 顧客関連のプロセス 7.3 設計・開発 7.4 購買 7.5 製造及びサービス提供	4.4 実施及び運用 4.4.6 運用管理 4.4.7 緊急事態への準備及び対応
9. パフォーマンス評価 9.1 監視,測定,分析及び評価 9.2 内部監査 9.3 マネジメントレビュー	**8. 測定,分析及び改善** 8.2 監視及び測定 8.2.1 顧客満足 8.2.3 プロセスの監視及び測定 8.2.4 製品の監視及び測定 8.4 データの分析 8.2.2 内部監査 5.6 マネジメントレビュー	4.5 点検 4.5.1 監視及び測定 4.5.2 順守評価 4.5.5 内部監査 4.6 マネジメントレビュー
10. 改善 10.1 不適合及び是正処置 10.2 継続的改善	**8. 測定,分析及び改善** 8.3 不適合製品の管理 8.5.2 是正処置 8.5.1 継続的改善 8.5.3 予防処置	 4.5.3 不適合並びに是正処置及び予防処置

ISO 14001:2004
(JIS Q 14001:2004)
の再認識

2章

2章 ISO 14001:2004（JIS Q 14001:2004）の再認識

01 はじめに

ISO 14001は，2015年に大幅に改訂された．この改訂規格の解説に入る前に，ISO 14001:2004の重要な内容を整理して解説する．改訂規格を正しく理解するためには，2004年版の理解が重要なので，本章をよく読んでいただきたい．なお，

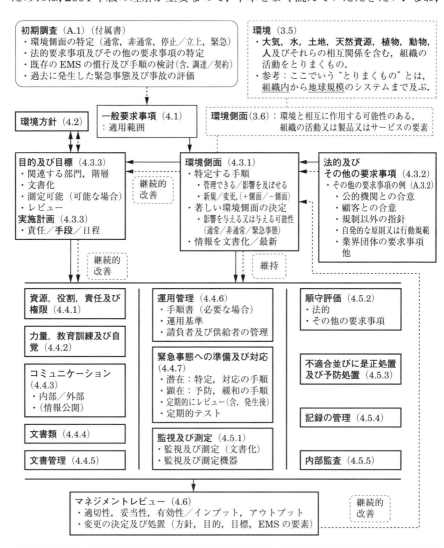

図1　ISO 14001:2004の要求項目

理解の幅を広げるために，必要に応じて ISO 9001:2008 をクロスリファレンス（相互参照）しながら解説する．ISO 14001:2004 の要求項目を図式したものを 図1 に，ISO 9001:2008 の要求項目を図式したものを 図2 に示す．2つの図は同じ形式にまとめているので，MSS（マネジメントシステム規格）の流れを比較しながら参照していただきたい．

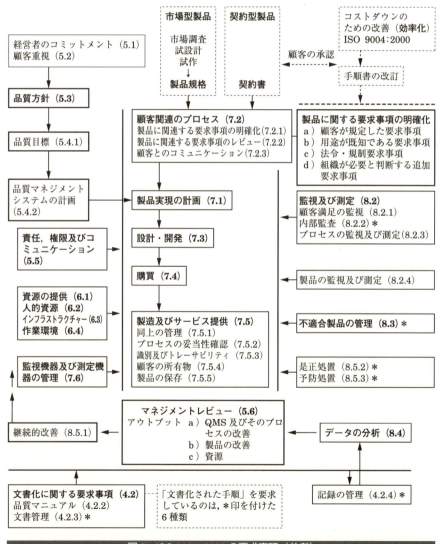

図2　ISO 9001:2008 の要求事項（参考）

02 ISO 14001:2004 の要求項目

図1 に沿って ISO 14001:2004 の大きな流れを見ていく．上段は計画段階を示し，中段の左側は準備段階，中央は実行段階，右側は評価段階を示し，下段はシステム全体の有効性の評価（マネジメントレビュー）を示している．管理対象の環境側面を維持状態で管理するのか，継続的改善のルートで管理するのかをはっきり決めて，システム運用することが重要である．著しい環境側面で，法規制があるものは維持状態で確実に管理したい．

中段中央の3つの要求事項は，現場で働く人がその作業を誤れば，すぐに環境に影響を与える条項なので，特に重要である．この3つの要求項目に優先順位を付けるとしたら，①緊急事態への準備及び対応，②監視及び測定，③運用管理となる．これらの3つはすべて「運用管理」であるが，重要度に応じて分けられ，要求内容も優先順位のとおりに厳しくなっている．

上段の「初期調査」は，付属書に書かれているもので要求事項ではないが，ECの規則であるEMASではこれを必須としており，最初にシステム構築する時には，極めて重要な項目である．

03 環境側面とは

14001の要求事項を解釈するには，まず「環境側面」とは何であるのかを理解する必要がある．環境側面と環境影響との関係をまとめたものを **図3** に示す．

環境側面の定義は「環境と相互に作用する可能性のある，組織の**活動又は製品又はサービスの要素**」となっている．つまり，環境へ何か仕掛けをすると，環境からお返しが来るものを環境側面と考えればよい．例えば，活動を例にとりボイラーの運転をしたとする．ボイラーの運転により，環境（大気）へ CO_2 を排出する．そうすると大気から地球温暖化というお返しが来る．この場合，CO_2 の排出が環境側面となる．また，有害物質を川へ排出した際にはこの排出により，川が汚染され，食物連鎖で有害な影響が我々に帰ってくる．この場合は有害物質の川への排出が環境側面となる．製品，サービスについての環境側面の例も図式化しておいたので，参照願いたい．

よく有益な環境側面，有害な環境側面という言葉を聞くが，環境側面に有益も有害もない．有益や有害となるのは，環境側面を管理した結果として生じる環境

03 環境側面とは

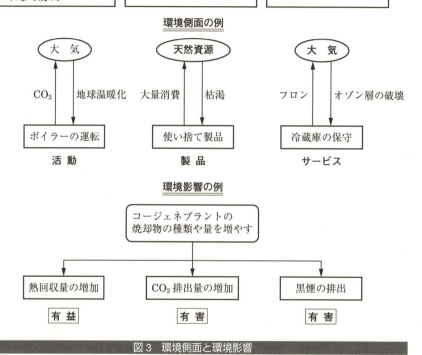

図3 環境側面と環境影響

影響に対してである．例えば，コージェネプラントの焼却物の種類や量を増やして熱回収することを環境側面として設定したとする．熱回収を達成すれば，有益な環境影響があったということになる．しかし，これにより，CO_2が増加したり，有害な黒煙が出たりすると，有害な環境影響が生じたことになる．環境側面の管理は，これらの環境影響を総合的に検討して取り組む必要がある．

以降，主な要求項目を抜粋して，特に重要な内容を解説する．

04 環境側面（4.3.1）

著しい環境側面の抽出方法の例を 図4 に示す．図を参照しつつ，以下の手順を読んでいただきたい．環境側面の抽出は重要な作業なので詳細に解説する．

1) 環境側面の要素として，**活動，製品，サービス**の3つを特定する．
   ①**活動**：製品の製造に伴って発生する環境側面
   　［例］洗浄により生じる排水，ボイラーの運転による CO_2 の排出，排水により生じる土壌汚染，製造設備の運転による振動及び騒音，エネルギーの消費，廃棄物の発生など．
   ②**製品**：製品を環境配慮型の製品にする
   　［例］素材製品として，鉛，カドミウム，水銀，六価クロムなどを使用しない．機械器具の性能向上（省エネ，低騒音化など）．
   ③**サービス**：製品の納入（運搬），アフターサービスの時に生じる環境側面
   　［例］運搬時の CO_2 の発生，メインテナンス時のフロンの大気への放出，有害物質の排水，有害物質による土壌汚染，廃棄物の発生など．

2) これらの3つの要素に伴う環境側面をすべて抽出し，下記の2つに分類する．
   ①**法規制**があるもの（これは無条件に著しい環境側面として管理する）
   ②**その他の要求事項**
   　［例］公的機関との合意（環境保全協定など）／顧客との合意（契約書，通達，口頭指示など）／規制以外の指針（地方自治体に出向いて調査）／自発的な原則又は行動規範（組織の経営理念，環境方針など）／自発的な環境ラベル又はプロダクトスチュアードシップに関するコミットメント（製品の説明責任など）／業界団体の要求事項（機械工業会など）／地域社会グループ又はNGOとの合意／組織又は組織の公表されたコミットメント／法人組織や会社の要求事項

3) 上記で抽出した環境側面を下記の2つに分類する．
   ①組織が**直接管理**できるもの（これはすべて管理の対象とする）
   　［例］組織内で発生するもの，従業員の作業に起因して発生するもの
   ②組織が**間接的に管理**できるもの（できるところからスタートしその範囲を広げていく）
   　［例］顧客に起因して発生するもの，外注先に起因して発生するもの，組織の外で発生するもの（これらをすべて考慮すればLCAを行うことに

04 環境側面 (4.3.1)

4.3.1 環境側面（JIS Q 14001:2004）
- 組織は次の事項にかかわる手順を確立し，実施し，維持すること．
  - a) EMS の定められた適用範囲の中で，**活動，製品及びサービス**について組織が 管理できる 環境側面及び組織が 影響を及ぼすことができる 環境側面を特定する．
    その際には，計画された若しくは新規の開発，又は新規の若しくは変更された活動，製品及びサービスも考慮に入れて特定する．
  - b) 環境に著しい 影響を与える 又は 与える可能性のある 側面（すなわち**著しい環境側面**）を決定する．
- 組織は，この情報を文書化し，常に最新のものとしておくこと．
- 組織は，その EMS を確立し，実施し，維持するうえで，著しい環境側面を確実に考慮に入れること．

↓

環境側面 (4.3.1) 環境側面の3要素：活動，製品，サービス		a) 環境側面の特定		b) 著しい環境側面の決定				法規制の有無
				③		④		
a) 環境側面の特定 ①組織が 管理できる もの（直接的に管理できるもの） ②組織が 影響力を及ぼすことができる もの（間接的に管理できるもの） **b) 著しい環境側面の決定** ③環境に著しい 影響を与えるもの（通常及び非通常の操業状況）（非通常には停止／立て上げを含む） ④環境に著しい影響を 与える可能性 のあるもの（緊急事態及び事故）		① 直接管理	② 間接管理	通常	非通常	緊急事態	事故	
記入例（製造業の活動の例）								
電気の使用量の削減		○		○				
危険物（塗料，シンナー）の管理の徹底		○		○	○	○	○	○
産業廃棄物業者への法順守の徹底			○	○				○

↑

4.3.2 法的及びその他の要求事項（JIS Q 14001:2004）
- 組織は次の事項にかかわる手順を確立し，実施し，維持すること．
  - a) 組織の**環境側面**に関係して適用可能な 法的要求事項 及び組織が同意する その他の要求事項 を特定し，参照する．
  - b) これらの要求事項を組織の**環境側面**にどのように適用するかを決定する．
- 組織は，その環境マネジメントシステムを確立し，実施し，維持するうえで，これらの適用可能な法的要求事項及び組織が同意するその他の要求事項を確実に考慮に入れること．

図4　著しい環境側面の抽出

なる)

4) 上記で選定した環境側面から下記の手順で著しい環境側面を抽出する.
   ①**通常／非通常状態**（含む，停止／立上げ）で生じるもの
   ［例］有害物質の使用を通常の2倍使用する → 排水処理を特別管理する
   ②**緊急事態／事故**（緩和の処置が定められ，定期的にテストが行われていること）
   ［例］緊急事態（地震，台風，大雨などへの対応）
   ［例］事故（火災を起こした，有害物質を誤って雨水系の排水経路に流したなど）

5) この著しい環境側面を管理する手順又は手順書があり，実施され，必要な記録が保管されていること.

05　法的及びその他の要求事項（4.3.2）

　法的及びその他の要求事項を調査する方法としては，行政へ聞きに行く，インターネットで検索する，講習会に参加する，新聞情報を見るなど種々の手段がある.

　法的要求事項の原点となる主な法令を 表1 に示す．これらの法令を受けて各自治体で，具体的な条例が施行されているので，各組織はその条例のどの内容が該当するのかを検討し，組織内の手順または手順書に反映し，必要に応じて監視及び測定することになる．ある工場の排出基準の例を参考に 表2 に示す．

表1　環境に関する主な法令リスト

分　類	法　律
1. 環境一般	1970　人の健康に係る公害犯罪の処罰に関する法律
	1971　特定工場における公害防止組織の整備に関する法律（公害防止組織法）
	1993　環境基本法
	1997　環境影響評価法
	2000　国等による環境物品等の調達の推進等に関する法律（グリーン購入法）
	2004　環境の保全のための意欲の増進及び環境教育の推進に関する法律（環境教育法）
2. 地球環境 （エネルギー）	1970　海洋汚染及び海上災害の防止に関する法律
	1979　エネルギーの使用の合理化に関する法律（省エネルギー法）
	1988　特定物質の規制等によるオゾン層の保護に関する法律
	1992　特定有害廃棄物等の輸出入等の規制に関する法律
	1998　地球温暖化対策の推進に関する法律（温対法）

05 法的及びその他の要求事項 (4.3.2)

分類	年	法律名
3. 大気汚染　悪臭	1968	大気汚染防止法
	2001	自動車から排出される窒素酸化物及び粒状物質の特定地域における総量の削減等に関する特別措置法（自動車 NO_x・PM 法）
	1971	悪臭防止法
4. 騒音・振動	1968	騒音規制法
	1976	振動規制法
5. 水質汚濁　地盤沈下	1958	下水道法
	1962	建築物用地下水の採取の規制に関する法律（ビル用水法）
	1970	水質汚濁防止法
	1973	瀬戸内海環境保全特別措置法
	1983	浄化槽法
	1984	湖沼水質保全特別措置法（湖沼法）
6. 土壌汚染　農薬	2002	土壌汚染対策法
7. 廃棄物　リサイクル	1970	廃棄物の処理及び清掃に関する法律（廃棄物処理法）
	1995	容器包装に係る分別収集及び再商品化の促進に関する法律（容器包装リサイクル法）
	1998	特定家庭用機器再商品化法（家電リサイクル法）
	2000	循環型社会形成推進基本法
	2000	資源の有効な利用の促進に関する法律（改正リサイクル法）
	2000	建設工事に係る資材の再資源化等に関する法律（建設リサイクル法）
	2000	食品循環資源の再利用等の促進に関する法律（食品リサイクル法）
	2002	使用済み自動車の再資源化等に関する法律（自動車リサイクル法）
8. 化学物質	1950	毒物及び劇物取締法
	1972	労働安全衛生法
	1973	化学物質の審査及び製造等の規制に関する法律（化審法）
	1999	特定化学物質の環境への排出量の把握等及び管理の改善の促進に関する法律（化学物質管理法）（PTRP 法）
	1999	ダイオキシン類等対策特別措置法
	2001	ポリ塩化ビフェニル廃棄物の適正な処理の推進に関する特別措置法（PCB 特別措置法）
	2001	特定製品に係るフロン類の回収及び破壊の実施の確保等に関する法律（フロン回収破壊法）
9. 被害救済　紛争処理　（記載を省略）		
10. 費用負担　助成　（記載を省略）		
11. 自然保護	1957	自然公園法
	1972	自然環境保全法
	1973	都市緑地保全法
	1992	絶滅のおそれのある野生動植物の種の保存に関する法律
	2008	生物多様性基本法
12. 国土利用	1959	工場立地法
その他（環境六法に記載されていないもの）	1948	消防法
	1951	高圧ガス保安法

表2　ある工場の排出基準の例（一例）

硫黄酸化物／窒素酸化物　排出基準（大気）

総排出量	・硫黄酸化物の総排出量は，$109\,Nm^3$/日及び $19\,Nm^3$/h 以下とする。 ・燃料中の硫黄分は，0.56％（加重平均）以下とする。		
		発令の種類	措　置	方　法

減少措置	大気汚染広報 （硫黄酸化物）	予報	20％以上カット	・低硫黄燃料へ切換え ・燃料使用量の削減
		注意報	同上	
		警報	同上	
		重大警報	40％以上カット	・一部施設の稼動停止
	光化学スモッグ広報 （窒素酸化物）	予報	20％以上カット	・燃料使用量の削減 ・その他の方法による窒素酸化物排出量の削減
		注意報	同上	
		警報	同上	
		重大警報	40％以上カット	・一部施設の稼動停止

粉じん　排出基準（大気）

区　分	排出基準
敷地境界線上濃度	$1.5\,mg/Nm^3$ 以下
地上到達地点濃度	$0.5\,mg/Nm^3$ 以下

ばいじん　排出基準（大気）

発生施設	排出基準
ボイラー	$0.20\,g/Nm^3$ 以下
加熱炉	$0.14\,g/Nm^3$ 以下

各施設の技術管理者は，その施設より黒煙を排出しないよう十分な焼却管理に努めなければならない。

騒音　目標値

区分	昼　間 午前8時から 午後6時まで	朝／夕 午前6時から 午前8時まで 午後6時から 午前10時まで	夜　間 午後10時から 翌日 午前6時まで
Ⅲ	65 dB 以下	60 dB 以下	50 dB 以下
Ⅳ	70 dB 以下	70 dB 以下	60 dB 以下

Ⅲ：住宅地域と接する敷地境界線上
Ⅳ：その他の敷地境界線上

工場排水　排出基準

		水質汚濁 防止法	○○県 上乗せ基準	公害防止協定	目標値	測定頻度
生活環境項目	水素イオン濃度（pH）	5 以上～9	5 以上～9	5.8 以上～8.6	5.8 以上～8.6	1回／月
	化学的酸素要求量（COD）	160（120）	60（50）	30（25）	30（25）	1回／週
	浮遊物質量（SS）	200（150）	90（70）	80（65）	80（65）	1回／月
	鉱油類含有量	5	2	2	2	1回／月
	フェノール類含有量	5	1	1	1	1回／半年
	銅含有量	3	3	3	3	1回／半年
	亜鉛含有量	2	1.5	1.5	1.0	1回／半年
	溶解性鉄含有量	10	10	5	5	1回／半年
	溶解性マンガン含有量	10	10	10	10	1回／半年
	クロム含有量	2	2	1.5	1.5	1回／半年
	フッ素含有量	8	5	4	3	1回／半年
	大腸菌群数（個/cm³）	日間平均3000	日間平均3000	－	日間平均3000	1回／半年
	窒素含有量	120（60）	－	－	120（50）*	1回／月
	燐含有量	16（8）	－	－	16（3）*	1回／月
有害物質	カドミウム及びその化合物（換算）	0.03	0.02	0.02	0.01	1回／半年
	シアン化合物（換算）	1	1	0.7	0.7	1回／半年
	鉛及びその化合物	0.1	0.1	0.1	0.1	1回／半年
	六価クロム化合物（換算）	0.5	0.5	0.35	0.35	1回／半年
	砒素及びその化合物	0.1	0.1	0.1	0.1	1回／半年
	ジクロロメタン	0.2	0.2	－	0.2	1回／半年

・（　）内は日間平均値を示す。単位は特記の外 mg/l を示す。特記の外「以下」を示す。
・総量排出規制：化学的酸素要求量（COD）汚濁負荷量 34 kg/l 以下，浮遊物質量（SS）汚濁負荷量 13 kg/l 以下。

05 法的及びその他の要求事項（4.3.2）

　その他の要求事項としては，「**04　環境側面（4.3.1）**」に示した，公的機関との合意／顧客との合意／規制以外の指針などがある．

　特にこの中で，地方自治体が各種の指針を発行しているので，それを参考に組織として何に協力すればいいのかを検討し，採用するのも１つの方法である．地方自治体が発行している指針の例を　表３　に示す．

表３　その他の要求事項（指針）の例

項　目	分　野	優先順位
Ⅰ．全業種に係る分野		
Ⅰ-1．全業種に適用される分野		
1. 事務所，店舗，食堂等での節電・節水	(1) 節電 (2) 節水	◎
2. 事務所，店舗，食堂等での一般廃棄物の適正処理・減量	(1) 適正処理 (2) 減量	◎
3. 事務所，店舗等での再生製品等の使用	(1) 再生製品等の使用	◎
4. 自動車対策	(1) 自動車への依存の少ない企業活動への転換 (2) より低公害・省エネルギーな自動車への転換	○
5. 特定フロン等使用量の削減	(1) 洗浄用フロンの使用量の削減 (2) 冷媒用フロンの使用量の削減	◎
6. 環境に配慮した施設整備	(1) 緑地の整備 (2) その他の配慮（地域社会との調和のとれた対策）	○
7. 従業員教育	(1) 公害防止，省エネ・省資源等に関する社員教育	◎
8. 地域社会への参画	(1) 地域社会の環境保全活動等に施設提供等の支援 (2) 地域社会の環境保全活動等に地域社会の一員として参画 (3) 地域社会の環境保全活動等への社員の自主的参加を支援	○
Ⅰ-2．大規模な業務用建築物に適用される分野		
1. 省エネルギー	(1) 施設・設備の改善 (2) 日常業務での配慮 (3) 自然エネルギーや排熱・排エネルギーの利用	◎
2. 節　水	(1) 施設・設備の改善 (2) 日常業務での配慮	◎

06 目的,目標及び実施計画 (4.3.3)

著しい環境側面の抽出が終わると,これらの中から何を継続的改善の項目として目的及び目標に取り上げるのかを,環境方針で示すことになる.目的及び目標は,関連する部門階層で設定し,実施計画に織り込まれ,システムの中で運用することが要求されている.「この"関連する部門及び階層で設定"とは具体的に

```
JIS Q 14001:2004
 4.2 環境方針
  d) 環境目的及び目標の設定及びレ
     ビューのための枠組みを与える,
 4.3.3 目的,目標及び実施計画
 ・組織は,組織内の関連する部門及び
  階層で,文書化された環境目的及び
  目標を設定し,実施し,維持すること.
 ・……
 ・目的及び目標は,…… 環境方針に整
  合していること.
 ・組織は,その目的及び目標を達成す
  るための実施計画を策定し,実施し,
  維持すること.
 ・実施計画は次の事項を含むこと.
  a) 組織の関連する部門及び階層に
     おける,目的及び目標を達成す
     るための責任の明示
  b) 目的及び目標達成のための手段
     及び日程,
```

```
JIS Q 14031:2000
 2.6 環境目的 (environmental objective)
 ・環境方針から生じる全般的な環境の到達点で,組
  織が自ら達成するように設定し,可能な場合には
  定量化されるもの.
 3.10 環境目標 (environmental target)
 ・環境目的から導かれ,その目的を達成するために
  目的に合わせて設定される詳細なパフォーマンス
  の要求事項で,実施可能な場合に定量化され,組
  織又はその一部に適用されるもの.
 2.10 環境パフォーマンス指標 (EPI)
 ・組織の環境パフォーマンスについての情報を提供
  する特定の表現
  EPI : Environmental Performance Indicator
 2.10.1 マネジメントパフォーマンス指標 MPI
 ・組織の環境パフォーマンスに影響を及ぼす,様々
  な経営取組みについての情報を提供する,環境
  パフォーマンス指標
  MPI : Management Performance Indicator
 2.10.2 操業パフォーマンス指標 OPI
 ・組織の操業における環境パフォーマンスについ
  ての情報を提供する,環境パフォーマンス指標
  OPI : Operational Performance Indicator
```

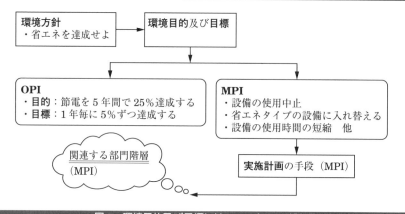

図5 環境目的及び目標には,OPIとMPIがある

何ですか」と聞くと，カードや張り紙が示され，「節電25％です」という答えがよく返ってくる．カードや張り紙で作業者に周知させることを意味しているのだろうか．ここで， 図5 を参照願いたい．

　目的（objective）は方針から生じる到達点で，目標は目的を達成するための詳細なパフォーマンス要求事項である．環境目標を設定するには，環境パフォーマンス指標（EPI）の設定が必要である．この環境パフォーマンス指標については，ISO 14031:1999[注]（JIS Q 14031:2000）によれば，**OPI**（操業パフォーマンス指標）と **MPI**（マネジメントパフォーマンス指標）があると記述されている．例えば，節電25％と設定した場合，25％がOPIとなる．MPIは，OPIを達成するための手段を意味する．つまり，設備の使用中止，省エネタイプの設備に入れ替える，設備の使用時間の短縮などの手段である．MPIを先に検討して，OPIが決まることになる．

　したがって，関連する部門階層に展開するのはMPIということになる．現場の作業者にインタビューした場合，「私の環境目標は，本年度末までにこの装置を省エネタイプの装置に入れ替えることです」「私は昼休みに電気を消すことを徹底するように指示されていますので，これを完遂することが環境目標です」などの答えを期待しているのである．

　日本では，OPIを先に宣言して，実行しながらMPIを検討する習慣がある．ISOでは先にMPIを十分に検討してOPIを設定して計画通りに実行することが要求されている．14001の4.3.3項の実施計画に記載されている「目的及び目標達成のための手段」とはMPIのことを示している．

07 運用管理（4.4.6）

　現場で働く人がその作業を誤れば，すぐに環境に影響を与える条項として，①緊急事態への準備及び対応，②監視及び測定，③運用管理の3つがある．これらの3つはすべて「運用管理」であるが，重要度に応じて，3つに分けられ，要求内容も①が最も厳しく，次に②，③の順となっている．これらの3つの要求事項を比較してまとめたものを， 図6 に示すので比較していただきたい．まず組織が抽出した著しい環境側面を，上記の①，②，③のどの仕組みで管理する

　[注]　14031:1999　環境マネジメント‐環境パフォーマンス評価・指針

2章 ISO 14001:2004（JIS Q 14001:2004）の再認識

4.4.6 運用管理
- 組織は，次に示すことによって，個々の条件の下で確実に運用が行われるように，その環境方針，目的及び目標に整合して特定された著しい環境側面に伴う運用を明確にし，計画すること．
  a) 文書化された手順がないと環境方針並びに目的及び目標から<u>逸脱</u>するかもしれない状況を管理するために，文書化された手順を確立し，<u>実施し</u>，維持する．
  b) その手順には<u>運用基準</u>を明記する．
  c) 組織が用いる<u>物品及びサービス</u>の特定された著しい環境側面に関する手順を確立し，<u>実施し</u>，維持すること，並びに請負者を含めて，供給者に適用可能な手順及び要求事項を<u>伝達</u>する．

4.4.7 緊急事態への準備及び対応
- 組織は，環境に影響を与える可能性のある 潜在的な 緊急事態及び事故を特定するための，またどのようにして対応するかの手順を確立し，<u>実施し</u>，維持すること．
- 組織は， 顕在した 緊急事態や事故に対応し，それらに伴う有害な環境影響を<u>予防又は緩和</u>すること．
- 組織は，緊急事態への準備及び対応手順を，<u>定期的に</u>，また特に事故又は緊急事態の<u>発生の後</u>には，<u>レビュー</u>し，必要に応じて<u>改訂</u>すること．
- 組織は，また，実施可能な場合には，そのような手順を定期的にテストすること．

4.5.1 監視及び測定
- 組織は，著しい環境影響を与える可能性のある運用の かぎ(鍵)となる特性 を定常的に監視及び測定するための手順を確立し，<u>実施し</u>，維持すること．
- この手順には，パフォーマンス，適用可能な運用管理，並びに組織の環境目的及び目標との適合を監視するための情報の文書化を含めること．
- 組織は，<u>校正</u>された又は<u>検証</u>された<u>監視及び測定</u>機器が使用され，維持されていることを確実にし，また，これに伴う記録を保持すること．

（要求が最も厳しい条項はどれか．）

図6　環境影響に直結する3つの条項

のかを選定する．①及び②については，この後に述べることにし，ここでは③について解説する．

　運用管理としては数多くの項目があるが，その代表例を下記に参考として示す．ここに示したのは，ほんの僅かな例なので，組織の各職場でその作業内容を十分に配慮して抽出していただきたい．

　■活動：廃棄物の管理（マニフェストの管理，廃棄物業者の選定　など）
　　　　　MSDSの使用の徹底
　　　　　節電，節水，材料の使用量の削減，エネルギーの削減　など
　　　　　外注業者への環境管理に関する要求事項の伝達及び実施の確認

07 運用管理 (4.4.6)

4.4.6 運用管理(Operational control) (JIS Q 14001:2004)
- 組織は，次に示すことによって，個々の条件の下で確実に運用が行われるように，その環境方針，目的及び目標に整合して特定された著しい環境側面に伴う運用を明確にし，計画すること．
  a) 文書化された手順がないと環境方針並びに目的及び目標から逸脱するかもしれない状況を管理するために，文書化された手順を確立し，実施し，維持する．
  b) その手順には運用基準を明記する．
  c) 組織が用いる物品及びサービスの特定された著しい環境側面に関する手順を確立し，実施し，維持すること，並びに**請負者**を含めて，**供給者**に適用可能な手順及び要求事項を伝達(communicating)する．
    *communicationの日本語訳（JIS Q 14001:2004 解説 3.2g）
    - 伝達：一方的に伝える場合
    - 周知：理解を求める場合
    - コミュニケーション：相互に交流する場合

> 供給者及び請負者の管理については9001にその手順が詳しく規定されている．

JIS Q 9001:2008（参考）

7.4 購買

7.4.1 購買プロセス
- 組織は，規定された購買要求事項に，購買製品が適合することを確実にしなければならない．
- 供給者及び購買した製品に対する管理の方式及び程度は，購買製品が，その後の製品実現のプロセス又は最終製品に及ぼす影響に応じて定めなければならない．
- 組織は，供給者が組織の要求事項に従って製品を供給する能力を判断の根拠として，供給者を評価し，選定しなければならない．
- 選定，評価及び再評価の基準を定めなければならない．評価の結果の記録，及び評価によって必要とされた処置があればその記録を維持しなければならない（4.2.4参照）．

7.4.2 購買情報
- 購買情報では購買製品に関する情報を明確にし，次の事項のうち該当するものを含めなければならない．
  a) 製品，手順，プロセス及び設備の承認に関する要求事項
  b) 要員の適格性確認に関する要求事項
  c) **品質マネジメントシステム**に関する要求事項
- 組織は，供給者に伝達する前に，規定した購買要求事項が妥当であることを確実にしなければならない．

7.4.3 購買製品の検証
- 組織は，購買製品が，規定した購買要求事項を満たしていることを確実にするために，必要な検査又はその他の活動を定めて，実施しなければならない．
- 組織又はその顧客が，供給者先で検証を実施することにした場合には，組織は，その検証の要領及び購買製品のリリースの方法を購買情報の中で明確にしなければならない．

図7　請負者及び供給者の管理

■製品：素材製品に環境負荷物を採用しない
　　　　（鉛，カドミウム，水銀，六価クロムなどを使用しない）
　　　　寿命の長い製品とする．
　　　　リサイクル材の使用
　　　　エネルギー効率の良い製品
■サービス：製品運搬中の管理
　　　　（梱包材の簡易化，輸送中のエネルギーの削減，輸送中の事故防止　など）
　　　　製品納入先でのアフターサービス時の環境を配慮した作業

　なお，14001は組織の外注先への要求内容が極めて簡単に記述されている．これを補足するには，9001を準用するとよい．14001の要求事項と9001の要求事項を比較して　図7　に示しておいたので，参考にしていただきたい．

08　緊急事態への準備及び対応（4.4.7）

　タイトルが，緊急事態への準備及び対応となっているが，ここでは，「緊急事態」と「事故」の2つに対する準備及び対応を要求している．緊急事態とは，例えば，台風，大雨，地震，雷などの自然災害を考えればよい．事故とは，例えば，作業ミス，機械の故障，外部からの障害などを考えればよい．緊急事態の準備及び対応は，運用管理の中で最も重要であり，万一発生するとその被害は甚大なものとなる．したがって，規格の要求内容が最も厳しいものとなっている．緊急事態と事故について，その発生の例，対策の例及びテストの例を　表4　に示す．

　ここでは，顕在したもの（過去に発生したことがあるもの）と，潜在的なもの（まだ発生していないもの）についての対応が要求されている．顕在したものは，「予防」と「緩和」の処置が要求されている．火事を例にすると，火の元を断つことが予防であり，火事が発生した時にそれが広がるのを防止するための消火器やスプリンクラーを予め準備しておくことが緩和の処置である．

　火事はめったに起こることはないが，万一生じた時にその都度，緩和の処置を検討していたのでは間に合わないので，事前に対応できるようにシステムを構築することが要求されている．火事が発生した時，作業者が消火器を使った経験がなければ消火に手間取り，火事はさらに広がる．そこで規格は「定期的にテストをする」ことを要求している．定期的とは，必要性があっても，なくても，ある一定期間毎に行うことである．このテストの方法は各職場で異なるので，各職場

08 緊急事態への準備及び対応 (4.4.7)

表4 緊急事態への準備及び対応（一例）

顕在したものはもとより，潜在的はものを含めて主なものとして下記がある．

緊急事態	事故
緊急事態の例 ①台風：建物の破壊，看板や部品の飛散 ②大雨：浸水による有害物質や危険物の流出 ③地震：建物の破壊，有害物質や危険物を入れたタンク等の亀裂による流出 ④雷：装置の故障による有害物質や危険物の流出，火災	**事故の例** ①作業ミスによる有害物質や危険物の流出，火災，爆発 ②機械等の故障による有害物質や危険物の流出，火災，爆発 ③外部からの火災や飛散物による有害物質や危険物の流出，火災，爆発 ④テロの侵入による有害物質や危険物の流出，火災，爆発
対策の例 ①テレビやラジオ，インターネットで常に情報を入手する． ②組織内外の連絡網を定めておく ③これらが生じた時の緩和の処置として，土嚢，個縛道具，吸着マット，オイルフェンス，消火設備などを用意しておく． ④これらが即座に活用できるように，定期的にテストを行い，その有効性を確認し，必要な変更を行う． ⑤同業他社での対策例を調査し，必要なものは取り入れる．	**対策の例** ①設備の定期点検を行い，故障の未然防止を行う． ②作業ミス防止のための監視体制を整備する． ③通常と異なる作業（例えば，有害物質や危険物を通常の2倍以上使う）を行う時は関連部門（特に組織外への排出を行っている部門）への連絡を確実に行い，その対策を行う． ④テロ対策としての監視カメラの設置や，警備の強化を図る． ⑤左欄の③～⑤と同じ
テストの例 ①社内放送による避難と対策関係者の配置 ②土嚢，個縛道具，吸着マット，オイルフェンス，消化設備などの使用訓練 ③ケガ人などが生じた場合の病院への連絡及び搬送の模擬 ④万一有害物質や危険物を組織外へ流出した場合の応急処置（排出の停止と排出したものの回収や中和などの緩和の処置） ⑤近隣住民や監督官庁への連絡の模擬	**テストの例** ①機械をストップさせ，定められた対策が有効かを確認し，必要な変更を行う． ②想定される作業ミスを起こし，定められた対策が有効かを確認し，必要な変更を行う． ③左欄の②～⑤と同じ

- 上記に示したテストは，各職場毎に共通のものと，異なるものに分けて，共通のものは代表例でもよいが，異なるものは各職場に応じたテストを行う必要がある．
- 審査時は，これらに該当するものを抽出し，定期的にテストが行われており，システムが効果的であることを確認する．

で最適な方法を検討し，いつでも対応できるよう準備しておくことが重要である．

　潜在的なものについては，「どのようにして対応するのかの手順を確立」と記述されているが，「予防」と「緩和」の処置を検討し，各現場に応じた「テスト」を行うことが重要であることは言うまでもない．同種の業務を行っている他の組織の失敗例を調査し，当該組織に当てはめてシステムに組み入れることも1つの方法である．

　この規格では，「緊急事態への準備及び対応手順を，定期的に，また特に事故又は緊急事態の発生の後には，レビューし，必要に応じて改訂すること．」と記述されている．つまり，万一，火事などの不適合が生じた場合は是正処置を行うのは当然であるが，不適合が生じなくても定期的に，この対応のシステムで良いのかをレビューすることを要求している．

　組織にとって，このこのシステムを充実することは，危機管理システムの構築につながるので，しっかり取り組んでいただきたい．

09　監視及び測定（4.5.1）

　排水処理場で，「本日，この場で法律を満足していることを説明して下さい」と審査員に問われた時，どのように答えるか． 表2 （p48）を改めて見ていただきたい．測定頻度は1回／月，1回／半年などと決められている．つまり定期的に計測しているのである．では，この計測期間の途中も順守していることをどのようにして証明できるのだろうか．14001の"4.5.1 監視及び測定"では，「定常的（on a regular basis）に監視及び測定する」と記載されており，定期的（periodically）とは記述されていない．on a regular basis とは，「ある法則に従って」という意味である．

　この排水処理場の例では，例えば，「水素イオン濃度（pH）を連続計測しており，この値が決められた許容範囲に入っていれば，その他の計測項目は基準値に収まっていることを過去のデータを基に確認している．本日のpH値はその許容範囲に収まっているので，その他の計測項目も大丈夫である．」と答えるのも1つの方法である．pH以外に総量規制がかかっているもの，例えばCOD，浮遊物質量(SS)などを連続計測していれば，これらも判断材料となる．この on a regular basis という考え方を十分考慮して，監視及び測定を行うことが重要である．

　監視及び測定に用いる計測器の校正について規格の後半に記述されているが，

09 監視及び測定（4.5.1）

4.4.4 文書類（JIS Q 14001：2004）
・環境マネジメントシステムの文書には，次の事項を含めること．
　a）環境方針，目的及び目標
　b）環境マネジメントシステムの適用範囲の記述
　c）環境マネジメントシステムの主要な要素，それらの相互作用の記述，並びに関係する文書の参照
　d）この国際規格が要求する，記録を含む文書
　e）著しい環境側面に関係するプロセスの効果的な計画，運用及び管理を確実に実施するために，組織が必要と決定した，記録を含む文書

4.5.1 監視及び測定（JIS Q 14001：2004）
・組織は，著しい環境影響を与える可能性のある運用のかぎ（鍵）となる特性を定常的に監視及び測定するための手順を確立し，実施し，維持すること．
・この手順には，パフォーマンス，適用可能な運用管理，並びに組織の環境目的及び目標との適合を監視するための情報の文書化を含めること．
・組織は，**校正**された又は検証された**監視及び測定機器**が使用され，維持されていることを確実にし，また，これに伴う 記録 を保持すること．

> 9001には**校正の手順**が細かく規定されている．

JIS Q 9001：2008（参考）

7.6 監視機器及び測定機器の管理
・定められた要求事項に対する製品の適合性を実証するために，組織は，実施すべき監視及び測定を明確にしなければならない．
・また，そのために必要な 監視機器 及び 測定機器を明確 にしなければならない．
・組織は，監視及び測定の要求事項との整合性を確保できる方法で監視及び測定が実施できることを確実にするプロセスを確立しなければならない．
・測定値の正当性が保証されなければならない場合には， 測定機器 に関し，次の事項を満たさなければならない．
　a）定められた間隔又は使用前に，国際又は国家計量標準にトレーサブルな計量標準に照らして校正若しくは検証，又はその両方を行う．そのような標準が存在しない場合には，校正又は検証に用いた基準を記録する（4.2.4参照）．
　b）機器の調整をする，又は必要に応じて再調整する．
　c）校正の状態を明確にするために識別を行う．
　d）測定した結果が無効になるような操作ができないようにする．
　e）取扱い，保守及び保管において，損傷及び劣化しないように保護する．
・さらに，測定機器が要求事項に適合していないことが判明した場合には，組織は，その測定機器でそれまでに測定した結果の妥当性を評価し，記録しなければならない．
・組織は，その機器，及び影響を受けた製品すべてに対して，適切な処置をとらなければならない．
・校正及び検証の結果の 記録 を維持しなければならない（4.2.4参照）．
・規定要求事項にかかわる監視及び測定にコンピュータソフトウェアを使う場合には，そのコンピュータソフトウェアによって意図した監視及び測定ができることを確認しなければならない．
・この確認は，最初に使用するのに先立って実施しなければならない．また，必要に応じて再確認しなければならない．
注記　意図した用途を満たすコンピュータソフトウェアの能力の確認には，通常，その使用の適切性を維持するための検証及び構成管理も含まれる．

図8　監視機器及び測定機器の管理

あまり多く記述されていない．計測器の管理については，ISO 9001:2008 に詳しく記述されている． 図8 に示したので，これを参考にしていただきたい．法規制がかかっているものを計測する計測器は，校正の対象とする必要があることは言うまでもない．

10　順守評価（4.5.2）

ところで，"4.5.2 順守評価"で，「順守を定期的（periodically）に評価する．」と記載されているが，これは何を意味するのだろうか．定期的とは必要性があってもなくても一定の期間で評価するということである．一般的な解釈では，"4.5.1 監視及び測定"で日常の法順守は確実に維持するが，一定期間（例えば 1 年）で立ち止まり，監視及び測定に漏れがなかったか，このような監視及び測定の方法で問題ないかを再確認するとされている．もちろん，この解釈もあり得るが，あまりこれに期待すると，日常の監視及び測定がいい加減になるのではないかと懸念される．もう少し進んで解釈すると，例えばこれから 1 年先にどのような法改正があるのかを立ち止まって調査し，法改正が施行されるまでに計画的に準備をすることであるとも考えられる．この解釈に立てば，法違反する組織はなくなる．規格はできるだけ前向きに解釈して適用してほしい．

11　内部監査（4.5.5）

内部監査は，「あらかじめ定められた間隔（planned intervals）で行う．」と記述されている．これを定期的（periodically）と解釈している例が多い．例えば，年 1 回，8 月に全部門を一斉に行うということがよく行われている．しかしながら，規格が意味するところは，計画的に内部監査を行うことを要求している．したがって，内部監査は組織の作業工程に合わせて計画することが重要である．内部監査の計画と主な監査項目の一例を， 表5 に示したので，参考にしていただきたい．

さらに，規格では，監査プログラム（audit programme）の策定を要求している．これは単なる監査の計画（audit plan）ではない．内部監査の目的，範囲，スケジュール，手順，基準，監査メンバーの選定及び評価などの監査の取決めをまとめたものである．具体的には，ISO/IEC 19011:2011 を参考に策定すること

11　内部監査（4.5.5）

表5　内部 EMS 監査 年度計画（一例）

発行：○○○1年4月1日

被監査組織		年月	○○○1年									○○○2年			主な監査項目
			4	5	6	7	8	9	10	11	12	1	2	3	
主要工程						←———*条例改正———→									・条例の順守
									←———新規工事受注———→						・レイアウト変更の完成
			←—工場のレイアウト変更—→												・新規受注の完了
総務部	企　画　課													○	環境経営戦略
	管　理　課													○	環境会計, 社則
	人　事　課											○			全社環境教育
開発部	開　発　1　課		○												環境配慮製品開発
	開　発　2　課		○												同上
営業部	営　業　課							○							顧客への環境提言
	アフターサービス課													○	再資源化/リサイクル
設計部	見　積　課							○							環境コスト
	基　本　設　計　課							○							製品アセスメント
	詳　細　設　計　課								○						環境配慮設計
購買部	資　材　課								○						グリーン購入
	購　買　課								○						同上
	下　請　負　課										○				入業者の環境管理
製造部	倉　庫　課									○					3R 　Reduce 　Reuse 　Recycle 廃棄物 有害物質 緊急時の対応
	製　造　1　課			○			○			○					
	製　造　2　課				○			○			○				
	梱包・輸送課										○				
品質管理部	品　質　管　理　課					○									QMS/EMS 融合
	検　査　課									○					不適合品の減少
	計　測　器　管　理　課						○								環境計測器
環境管理部	環　境　管　理　課					○				○					EMR の補佐 内部監査 環境法規制の調査
	環　境　設　備　課						○				○				法規制の遵守

注）1. 上記の予定は，工程の変更や設備の新設など，重要な変更があった場合は，変更することがある．
　　2. 上記に加えて，必要に応じて，**臨時監査**を行うことがある．
　　3. 監査を行う <u>30日前</u> に，監査の実施通知を発行する．
　　4. マネジメントレビューは，毎月の環境会議で行うが，システム全体の有効性を判断するために，全体的なマネジメントレビューを 4月 に行う．
　　5. 内部監査で，Aグレード（致命的）の不適合が出た場合は，<u>即経営トップに報告する</u>．

をお勧めする．

12 トップマネジメントの役割

EMS を成功させるには，トップマネジメントの役割が極めて重要である．規格が要求する役割を， 図9 にまとめたので，参照願いたい．これらの内容をわかりやすくまとめると，次のとおりとなる．

品質方針では，特に下記を示してほしい．
- 法規制を余裕をもってクリアするために，各部門で自主基準値を設定させる．
- 近い将来に発行される法規制を事前に調査し，確実にこれに対応できるように準備させる．
- 法的要求事項以外のその他の要求事項（プラスの側面）として，何に取り組むのか，具体的な目的及び目標を各部門で確実に設定できる具体的な方針を定める．

さらに，下記を行っていただきたい．
- 管理責任者は，EMS を運用するトップの代行者としてふさわしい力量を有した人を選定する．
- 各部門の役割，責任及び権限を明確に定め，それに必要な力量をあらかじめ定めて，該当する人材を割り当てる．
- 内部監査を効果的にするため，内部監査員の力量評価を確実に行う．
- 不適合の報告があった場合は的確な是正処置を指示し，そのフォローを確実にする．
- 管理責任者や各部門からの改善の提案を実現するための資源（人，物，資金，技術，技法など）の提供を確実にする．
- マネジメントレビューを適切な時期に行い，目的及び目標の達成状況や，システムの運用状況を確認し，的確な指示をする．

EMS の運用状況をトップが確認するには，トップへの情報のルートを確実に設定しておく必要がある．規格が示すトップへの情報の流れは3つある．これらの情報の流れとジョンソン格言を合わせて， 図10 に示す．

ジョンソン氏は，「コンピュータに，くだらない情報を入れたら何が出てきますか」と，問いかけている．当然くだらない情報がアウトプットされるのである

12 トップマネジメントの役割

JIS Q 14001:2004 に規定されている経営層の役割（＊はトップマネジメントに対するもの）
- 環境方針を定め，a）〜g）を確実にすること（4.2）＊
- EMS を確立し，実施，維持及び改善するために不可欠な資源を確実に利用できるようにする（4.4.1）
- 管理責任者（複数も可）を任命し，役割，責任及び権限を与える（4.4.1）＊
- 管理責任者より EMS のパフォーマンスの報告を受ける（4.4.1 b）＊
- 監査の結果に関する情報の提供を受ける（4.5.5）
- マネジメントレビューを行う（4.6）＊

4.2 環境方針

- トップマネジメントは，組織の環境方針を定め，EMS の定められた適用範囲の中で，環境方針が次の事項を満たすことを確実にすること．
  - a) 組織の 活動 ， 製品 及び サービス の，性質，規模及び環境影響に対して適切である．
  - b) 継続的改善及び汚染の予防に関するコミットメントを含む．
  - c) 組織の環境側面に関して適用可能な法的要求事項及び組織が同意する その他の要求 事項を順守するコミットメントを含む．
  - d) 環境目的及び目標の設定及びレビューのための枠組みを与える．
  - e) 文書化され，実行され，維持される．
  - f) 組織で働く又は組織のために働くすべての人に周知される．
  - g) 一般の人々が入手可能である．

4.4.1 資源，役割，責任及び権限

- 経営層は，EMS を確立し，実施し，維持し，改善するために不可欠な資源を確実に利用できるようにすること．
  資源には，人的資源及び専門的な技能，組織のインフラストラクチャー，技術，並びに資金を含む．
- 効果的な環境マネジメントを実施するために，役割，責任及び権限を定め，文書化し，かつ，周知すること．
- 組織のトップマネジメントは，特定の **管理責任者（複数も可）** を任命すること．
  その **管理責任者** は，次の事項に関する定められた役割，責任及び権限を， 他の責任にかかわりなく もつこと．
  - a) この規格の要求事項に従って，EMS が確立され，実施され，維持されることを確実にする．
  - b) 改善のための提案を含め，レビューのために，トップマネジメントに対し EMS のパフォーマンスを報告する．

4.5.5 内部監査

- 組織は，次の事項を行うために，あらかじめ定められた間隔で EMS の内部監査を確実に実施すること．
  - a) 組織の EMS について次の事項を決定する．
    1) この規格の要求事項を含めて，組織の環境マネジメントのために計画された取決め事項に適合しているかどうか．
    2) 適切に実施されており，維持されているかどうか．
  - b) 監査の結果に関する情報を **経営層** に提供する．
- 監査プログラム は，当該運用の環境上の重要性及び前回までの監査の結果を考慮に入れて，組織によって計画され，策定され，実施され，維持されること．
- 次の事項に対処する 監査手順 を確立し，実施し，維持すること．
  - 監査の計画及び実施，結果の報告，並びにこれに伴う記録の保持に関する責任及び要求事項
  - 監査基準，適用範囲，頻度及び方法の決定
- 監査員 の選定及び監査の実施においては，監査プロセスの客観性及び公平性を確保すること．

4.6 マネジメントレビュー

- トップマネジメントは，組織の EMS が，引き続き適切で，妥当で，かつ，有効であることを確実にするために，あらかじめ定められた間隔で EMS をレビューすること．
  レビューは，環境方針，並びに環境目的及び目標を含む EMS の改善の機会及び変更の必要性の評価を含むこと．
  マネジメントレビューの記録は，保持されること．
- マネジメントレビューのインプットは，次の事項を含むこと．
  - a) 内部監査 の結果，法的要求事項及び組織が同意するその他の要求事項の順守評価の結果
  - b) 苦情を含む外部の利害関係者からのコミュニケーション
  - c) 組織の環境パフォーマンス
  - d) **目的** 及び **目標** が達成されている程度
  - e) 是正処置及び予防処置の状況
  - f) 前回までのマネジメントレビューの結果に対するフォローアップ
  - g) 環境側面に関係した法的及びその他の要求事項の進展を含む，変化している周囲の状況
  - h) 改善のための提案
- マネジメントレビューからのアウトプットには，継続的改善へのコミットメントと首尾一貫させて，**環境方針，目的，目標** 及びその他の EMS の要素へ加え得る 変更 に関係する，あらゆる決定及び処置を含むこと．

図9　トップマネジメントの役割

> ゴミのような情報をコンピューターにインプットすると，何がアウトプットされるか？
>
> Concerning Computer Information ----- When Garbage is Put into a Computer, What Comes out?
>
> L. Marvin Johnson

JIS Q 9001：2008	JIS Q 14001：2004
管理責任者（5.5.2） ・管理責任者は，与えられている他の責任とかかわりなく，次に示す責任及び権限をもたなければならない． 　b）品質マネジメントシステムの成果を含む実施状況及び改善の必要性の有無について，トップマネジメントに 報告 する． **内部コミュニケーション（5.5.3）** ・トップマネジメントは，組織内にコミュニケーションのための適切なプロセスが確立されることを確実にしなければならない． ・また，品質マネジメントシステムの有効性に関しての情報交換が行われることを確実にしなければならない． **マネジメントレビューへのインプット（5.6.2）** ・マネジメントレビューへのインプットには，次の情報を含めなければならない． 　a）監査の結果 　b）顧客からのフィードバック 　c）プロセスの成果を含む実施状況及び製品の適合性 　d）予防処置及び是正処置の状況 　e）前回までのマネジメントレビューの結果に対するフォローアップ 　f）品質マネジメントシステムに影響を及ぼす可能性のある変更 　g）改善のための提案	**資源，役割，責任及び権限（4.4.1）** ・組織のトップマネジメントは，特定の管理責任者（複数も可）を任命すること． ・その管理責任者は，次の事項に関する定められた役割，責任及び権限を，他の責任にかかわりなくもつこと． 　b）改善のための提案を含め，レビューのために，トップマネジメントに対し環境マネジメントシステムのパフォーマンスを 報告 する． **コミュニケーション（4.4.3）** ・組織は，環境側面及び環境マネジメントシステムに関して次の事項にかかわる手順を確立し，実施し，維持すること． 　a）組織の種々の階層及び部門間での内部コミュニケーション **マネジメントレビュー（4.6）** ・トップマネジメントは，組織の環境マネジメントシステムが，引き続き適切で，妥当で，かつ，有効であることを確実にするために，あらかじめ定められた間隔で環境マネジメントシステムをレビューすること． ・レビューは，環境方針並びに環境目的及び目標を含む環境マネジメントシステムの改善の機会及び変更の必要性の評価を含むこと． ・マネジメントレビューの記録は，保持されること

> いいえ，福音書（正しいもの）がアウトプットされ，それが上層部へ上がるにつれて，更に真の情報として受け入れられる．
>
> No! Gospel Comes Out and the Higher in Management it Goes, the More Reliable the "Gospel is"
>
> L. Marvin Johnson

図10　経営トップへの3つの情報ルート

が，ジョンソン氏の答えは，「福音書のようなものが出てくる」としている．くだらない情報でもこれがトップへ行くに従って誠らしき情報として伝わり，トップへは，正しい情報が伝わりにくいことを示している．

規格が示すトップへ伝わる3つの情報としては，①管理責任者からの報告，②内部コミュニケーション，③マネジメントレビューのインプットがある．この中で，①と③は，その内容が薄められる可能性がある．②のルート（トップへの直行便）をうまく使うのも1つの方法である．

13　ISOと日本の文化

以上に示したとおり，ISOは，トップが定めた方針に基づいて，目的及び目標を定め，実施計画を作成し，各自の役割を定めて実行し，その結果を評価し，次の改善を行う，トップダウンのシステムである．日本では，組織が会社のためになる人材を育成し，現場の作業者が自ら改善項目を提案し，それを実現する，ボトムアップの組織が多い．日本の組織が，ISOを採用する場合，この文化の違いを考慮することが重要であることは言うまでもない．

ISO 14001:2015
(JIS Q 14001:2015)
の概要

3章

01 はじめに

本章では，ISO 14001:2004 から ISO 14001:2015 への主な変更内容の概要を記述する．2004 年版と 2015 年版との詳細比較は，**4章**に記述したので，該当箇所を参照しながら本章を読んでいただきたい．

02 適用範囲

2015 年版の「適用範囲」で，この規格は，持続可能性の3本柱（環境，社会，経済），いわゆる環境の柱に寄与することを目的としており，EMS の「意図した成果」として下記の3項目が含まれると記述している．

①環境パフォーマンスの向上
②順守義務を満たすこと
③環境目標の達成

この中で，②と③は 2004 年版にも規定されていたが，①が追加されている．2004 年版では，パフォーマンスを改善するためにシステムを向上することが要求されていたが，2015 年版ではパフォーマンスそのものの向上が要求されている．パフォーマンスとは定義では，「測定可能な結果」となっており，組織はこの規格で運営した結果を定量的または定性的に示さなければならない．さらにパフォーマンスの向上は，原材料の取得または天然資源の産出から，使用後の処理までのライフサイクルの視点を考慮することが要求されている．

これに伴い，「継続的改善」の定義が変更されているので，本章の **10 節**を参照いただきたい．

03 ISO 14001:2015 の要求項目

2015 年版と 2004 年版の目次比較を 表1 に示す．「**Annex SL Appendix 2**」と同じ箇条を**太字**で示しており，それ以外は 14001 独自の要求項目として追加された箇条である．

今回の改訂で，2004 年版に追加または 2004 年版より強化された主な要求項目は次のとおりである．

・組織及びその状況の理解（4.1）：追加

03　ISO 14001：2015 の要求項目

表1　新旧規格の目次比較

JIS Q 14001：2015	JIS Q 14001：2004
序文	序文
1　適用範囲	1　適用範囲
2　引用規格	2　引用規格
3　用語及び定義	3　用語及び定義
4　組織の状況 4.1　組織及びその状況の理解 4.2　利害関係者のニーズ及び期待の理解 4.3　環境マネジメントシステムの適用範囲の決定 4.4　環境マネジメントシステム	4　環境マネジメントシステム要求事項 4.1　一般要求事項 4.1　一般要求事項
5　リーダーシップ 5.1　リーダーシップ及びコミットメント 5.2　環境方針 5.3　組織の役割，責任及び権限	4.2　環境方針 4.4.1　資源，役割，責任及び権限
6　計画 6.1　リスク及び機会への取組み 6.1.1　一般 6.1.2　環境側面 6.1.3　順守義務 6.1.4　取組みの計画策定 6.2　環境目標及びそれを達成するための計画策定 6.2.1　環境目標 6.2.2　環境目標を達成するための取組みの計画策定	4.3　計画 4.3.1　環境側面 4.3.2　法的及びその他の要求事項 4.3.3　目的及び目標及び実施計画 4.3.3　目的及び目標及び実施計画
7　支援 7.1　資源 7.2　力量 7.3　認識 7.4　コミュニケーション 7.4.1　一般 7.4.2　内部コミュニケーション 7.4.3　外部コミュニケーション 7.5　文書化した情報 7.5.1　一般 7.5.2　作成及び更新 7.5.3　文書化した情報の管理	4.4　実施及び運用 4.4.1　資源，役割，責任及び権限 4.4.2　力量，教育訓練及び自覚 4.4.2　力量，教育訓練及び自覚 4.4.3　コミュニケーション 4.4.3　コミュニケーション 4.4.3　コミュニケーション 4.4.4　文書類 4.4.3　コミュニケーション 4.4.5　文書管理／4.5.4　記録の管理 4.4.5　文書管理／4.5.4　記録の管理
8　運用 8.1　運用の計画及び管理 8.2　緊急事態への準備及び対応	4.4　実施及び運用 4.4.6　運用管理 4.4.7　緊急事態への準備及び対応
9　パフォーマンス評価 9.1　監視，測定，分析及び評価 9.1.1　一般 9.1.2　順守評価 9.2　内部監査 9.2.1　一般 9.2.2　内部監査プログラム 9.3　マネジメントレビュー	4.5　点検 4.5.1　監視及び測定 4.5.2　順守評価 4.5.5　内部監査 4.5.5　内部監査 4.6　マネジメントレビュー
10　改善 10.1　一般 10.2　不適合及び是正処置 10.3　継続的改善	 4.5.3　不適合並びに是正処置及び予防処置 4.1　一般要求事項

- 利害関係者のニーズ及び期待の理解（4.2）：追加
- リーダーシップ及びコミットメント（5.1）：追加
- リスクへ及び機会への取組み（6.1）：追加
- 取組みの計画策定（6.1.4）：追加
- パフォーマンス評価（9）：強化

箇条4〜10の要求項目を図式化したものを 図1 に示す．追加または強化された箇条に「＊印」を付け，各箇条の中に引用されている他の関連箇条を（ ）内に示した．各々の箇条は他の箇条と複雑に関連しているので，線や矢印で整理した．この図は，**2章**の 図1 と同じ形式でまとめているので，比較して見ていただきたい．上段の計画段階に追加された箇条が集中しているのがわかる．中断の運用と評価は分離せずにひとまとめにした．**2章**で述べたとおり，現場で働く人がその作業を誤れば，すぐに環境に影響を与える箇条を優先順位に示すと，①緊急事態への準備及び対応（8.2），②監視，測定，分析及び評価（9.1），③運用の計画及び管理（8.1）となる．

この図を細分化し，計画段階を 図2 に，支援，運用及び評価の段階を 図3 に示す．細分化した図には，各箇条の関連性をわかりやすく理解できるように，各箇条に記述されている主なキーワードを示しておいた．

これらの図を参照しながら，以下に示す2015年版の概要を解説する．

04 環境マネジメントシステムとプロセス

環境マネジメントシステムの定義が下記のとおりに変更され，「プロセス」の確立と「リスク及び機会への取組み」が新しく要求された．

- 2004年版：**環境マネジメントシステム**
    - 組織のマネジメントシステムの一部で，環境方針を策定し，実施し，環境側面を管理するために用いられるもの．
- 2015年版：**マネジメントシステム**
    - 方針，目的及びその目的を達成するためのプロセスを確立するための，相互に関連する又は相互に作用する，組織の一連の要素．

    環境マネジメントシステム
    - マネジメントシステムの一部で，環境側面をマネジメントし，順守義務を満たし，リスク及び機会に取り組むために用いられるもの．

04 環境マネジメントシステムとプロセス

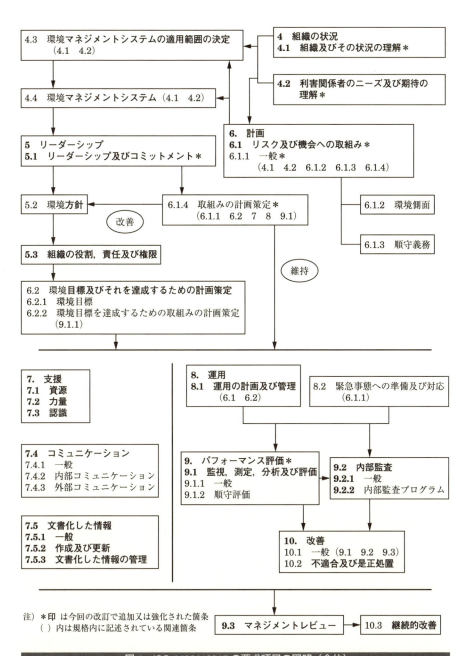

図1　ISO 14001:2015の要求項目の図解（全体）

3章 ISO 14001:2015（JIS Q 14001:2015）の概要

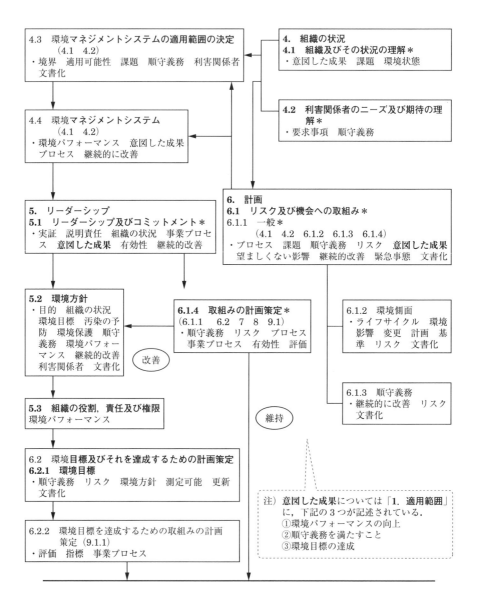

図2　ISO 14001:2015 の要求項目の図解（計画）

04 環境マネジメントシステムとプロセス

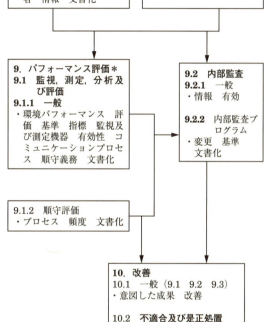

注) ＊印は今回の改訂で追加又は強化された箇条を，( ) 内は規格内に記述されている関連箇条を，「・……」は主なキーワードを示す．

図3 ISO 14001:2015 の要求項目の図解（支援　運用　評価）

プロセス
・インプットをアウトプットに変換する，相互に関連する又は相互に作用する一連の活動．

環境マネジメントシステムを，定義を用いて分析したものを 図4 に示す．本章の **2節** に示した①～③の「意図した成果」を達成するために必要な関連するプロセスのつながりを理解していただきたい．

・まず，環境パフォーマンスの向上として，何を目指すのかを環境方針に示し，環境目標を設定する．
・この環境目標を達成するために，著しい環境側面とこれに関連する順守義務を決定する．
・さらに，これらに伴うリスク及び機会を決定する．
・これらを達成するための責任と権限を定め，達成するためのプロセスを確立する（2004年版では手順の確立を要求していたが，プロセスの確立に変更されている）．
・環境パフォーマンスの達成状況をマネジメントレビューで確認する．

プロセスとマネジメントシステムとの関連をさらに分析して，図5 に，各プロセスの中で行うことを詳細に分析して，図6 に示す．

・まず，各プロセスのインプットとアウトプットを決定する．
　　インプットの例としては，下記がある．
　　　製品及びサービスに用いるもの：原材料，資材，工程内製品　他
　　　その他：エネルギー，天然資源　他
　　アウトプットの例としては，下記がある．
　　　製品及びサービス
　　　　製品：ハードウェア，素材製品，ソフトウェア
　　　　サービス
　　　その他の副産物
　　　　・NO_x，SO_x，／廃油，廃液／騒音，振動／廃棄物／CO_2　他
・インプット及びアウトプットで，製品及びサービスに用いるものは，極力環境配慮型とし，その他の副産物は，量の削減，再利用，リサイクル，熱回収，適正処分に努める．
・インプット及びアウトプットとして，上記以外に情報の流れもあるので，これらについても確実に整理することが重要である．

04 環境マネジメントシステムとプロセス

3.1.1 マネジメントシステム
・方針，目的（3.2.5）及びその目的を達成するためのプロセス（3.3.5）を確立するための，相互に関連する又は相互に作用する，組織（3.1.4）の一連の要素．

3.1.2 環境マネジメントシステム
・マネジメントシステム（3.1.1）の一部で，環境側面（3.2.2）をマネジメントし，順守義務（3.2.9）を満たし，リスク及び機会（3.2.11）に取り組むために用いられるもの．

3.3.5 プロセス
・インプットをアウトプットに変換する，相互に関連する又は相互に作用する一連の活動．

3.1.4 組織
・自らの目的（3.2.5）を達成するため，責任，権限及び相互関係を伴う独自の機能をもつ，個人又は人々の集まり．

3.2.2 環境側面
・環境（3.2.1）と相互に作用する，又は相互に作用する可能性のある，組織（3.1.4）の活動又は製品又はサービスの要素．
　3.2.1 環境（environment）
　・大気，水，土地，天然資源，植物，動物，人及びそれらの相互関係を含む，組織（3.1.4）の活動をとりまくもの．

3.2.9 順守義務
・組織（3.1.4）が順守しなければならない法的要求事項（3.2.8），及び組織が順守しなければならない又は順守することを選んだその他の要求事項．
　3.2.8 要求事項
　・明示されている，通常暗黙のうちに了解されている又は義務として要求されている，ニーズ又は期待．

3.2.5 目的，目標
・達成する結果．

3.2.6 環境目標
・組織（3.1.4）が設定する，環境方針（3.1.3）と整合のとれた目標（3.2.5）．

3.2.10 リスク
・不確かさの影響．

3.2.11 リスク及び機会
・潜在的で有害な影響（脅威）及び潜在的で有益な影響（機会）

3.1.3 環境方針
・トップマネジメント（3.1.5）によって正式に表明された，環境パフォーマンス（3.4.11）に関する，組織（3.1.4）の意図及び方向付け．

9.3 マネジメントレビュー
・マネジメントレビューは，次の事項を考慮しなければならない．
　d）次に示す傾向を含めた，組織の環境パフォーマンスに関する情報
　　1）不適合及び是正処置
　　2）監視及び測定の結果
　　3）順守義務を満たすこと
　　4）監査結果

3.4.10 パフォーマンス
・測定可能な結果．

3.4.11 環境パフォーマンス
・環境側面（3.2.2）のマネジメントに関連するパフォーマンス（3.4.10）．

図4　環境マネジメントシステム：定義を用いて分析

3章 ISO 14001:2015（JIS Q 14001:2015）の概要

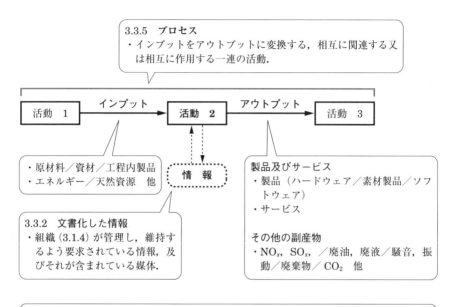

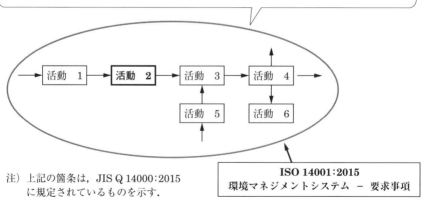

注）上記の箇条は，JIS Q 14000:2015 に規定されているものを示す．

図5　プロセスとマネジメントシステム

04 環境マネジメントシステムとプロセス

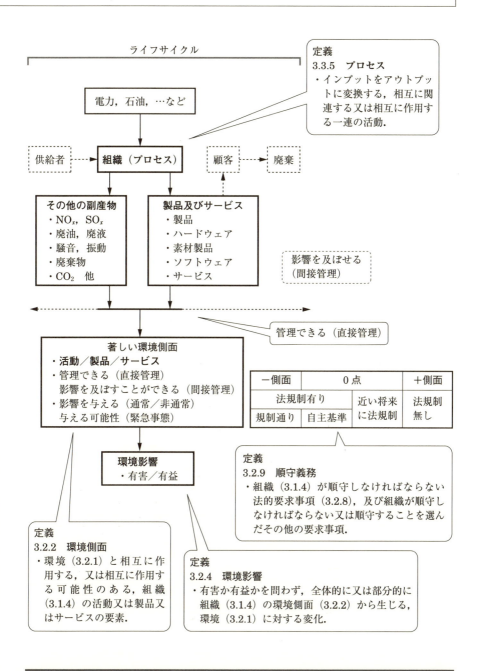

図6　プロセスの中で行うこと

表2 プロセスに関する要求事項

プロセスが規定されている箇条（JIS Q 14001:2015）
●印：プロセスが規定されている箇条
▲印：その中でプロセスの確立が規定されている箇条

1 適用範囲	7 支援
2 引用規格	7.1 資源
3 用語及び定義	7.2 力量
	7.3 認識
4 組織の状況	7.4 コミュニケーション
4.1 組織及びその状況の理解	7.4.1 一般　●▲
4.2 利害関係者のニーズ及び期待の理解	7.4.2 内部コミュニケーション　●
4.3 環境マネジメントシステムの適用範囲の決定	7.4.3 外部コミュニケーション
4.4 環境マネジメントシステム　●▲	7.5 文書化した情報
	7.5.1 一般　●
5 リーダーシップ	7.5.2 作成及び更新
5.1 リーダーシップ及びコミットメント　●	7.5.3 文書化した情報の管理
5.2 環境方針	
5.3 組織の役割，責任及び権限	8 運用
	8.1 運用の計画及び管理　●▲
6 計画	8.2 緊急事態への準備及び対応　●▲
6.1 リスク及び機会への取組み	
6.1.1 一般　●▲	9 パフォーマンス評価
6.1.2 環境側面	9.1 監視，測定，分析及び評価
6.1.3 順守義務	9.1.1 一般
6.1.4 取組みの計画策定　●	9.1.2 順守評価　●▲
6.2 環境目標及びそれを達成するための計画策定	9.2 内部監査
	9.2.1 一般
6.2.1 環境目標	9.2.2 内部監査プログラム　●
6.2.2 環境目標を達成するための取組みの計画策定　●	9.3 マネジメントレビュー　●
	10 改善
	10.1 一般
	10.2 不適合及び是正処置
	10.3 継続的改善

定義
3.3.5 プロセス（**process**）
・インプットをアウトプットに変換する，相互に関連する又は相互に作用する一連の活動．
・注記　プロセスは，文書化することも，しないこともある．

- これらのアウトプットがどのような環境影響を与えるかを分析し，著しい環境側面を決定する．
- この時，順守義務を考慮に入れ，特に法規制は確実に守っていただきたい．
- このシステムをより確実に運用するための要求事項をまとめたものが今回発行された2015年版である．

2015年版で，「プロセス」が記述されている箇条を 表2 に「●印」で，さらにプロセスの確立が要求されている箇条を「▲印」で示す．これらのプロセスでは，上記に示したことを確実に反映することが必要である．

なお，「リスク及び機会」については，本章の5節で，詳細に解説する．

05　リスク及び機会への取組み

リスクの定義を 表3 に，これを分析して図式化したものを資料 図7 に示す．これらの資料を参照しながら，リスクとマネジメントシステムとの関連を考察すると次のとおりとなる．
- リスクの定義は「不確かさの影響」である．
- この「影響」は期待されていることから，好ましい方向又は好ましくない方向に乖離(かい)することをいう．
- マネジメントシステムを見直すタイミングが「機会」である．
- 組織の内外に起きる変更が「事象」である．
- 組織はこの事象の「起こりやすさ」を分析する．
- この分析をするためには，「情報，理解，知識」が不可欠である．
- 組織が目指す「期待されていること」を達成するために，「不確かさの影響」を考慮する．
- 好ましい方向へ向かうようにマネジメントシステムを変更する．
- 場合によっては，現状よりも悪くなることもあるので注意を要する．

2015年版で，リスクについて記述されている箇条を図式化したものを 図8 に示す．この資料を基に，改訂版でのリスクの適用を分析すると以下のとおりになる．
- この規格が期待していることは，「適用範囲(1)」に期待した成果として，下記の3つが挙げられている．
①環境パフォーマンスの向上

表3 リスクの定義

3.2.10 リスク（risk）
- 不確かさの影響．
- 注記1　影響とは，期待されていることから，好ましい方向又は好ましくない方向にかい（乖）離することをいう．
- 注記2　不確かさとは，事象，その結果又はその起こりやすさに関する，情報，理解又は知識に，たとえ部分的にでも不備がある状態をいう．
- 注記3　リスクは，起こり得る"事象"（**JIS Q 0073：2010 の 3.5.1.3** の定義を参照．）及び"結果"（**JIS Q 0073：2010 の 3.6.1.3** の定義を参照．），又はこれらの組合せについて述べることによって，その特徴を示すことが多い．
- 注記4　リスクは，ある事象（その周辺状況の変化を含む．）の結果とその発生の"起こりやすさ"（**JIS Q 0073：2010 の 3.6.1.1** の定義を参照．）との組合せとして表現されることが多い．

事象（event） JIS Q 0073：2010 の 3.5.1.3	起こりやすさ（likelihood） JIS Q 0073：2010 の 3.6.1.1	結果（consequence） JIS Q 0073：2010 の 3.6.1.3
・ある一連の周辺状況の出現又は変化 ・注記1　事象は，発生が一度以上あることがあり，幾つかの原因をもつことがある． ・注記2　事象は，何らかが起こらないことを含むことがある． ・注記3　事象は，"事態"又は"事故"と呼ばれることがある． ・注記4　結果（3.6.1.3）にまで至らない事象は，"ニアミス"，"事態"，"ヒヤリハット"又は"間一髪"と呼ばれることがある．	・何かが起こる可能性 ・注記　リスクマネジメント用語において，何かが起こる可能性を表すには，その明確化，測定又は決定が客観的か若しくは主観的か，又は定性的か若しくは定量的かを問わず，"起こりやすさ"という言葉を使用する．また，"起こりやすさ"は，一般的な用語を用いて示すか，又は数学的に示す｛例えば，発生確率（3.6.1.4），所定期間内の頻度（3.6.1.5）など｝．	・目的に影響を与える事象（3.5.1.3）の結末 ・注記1　一つの事象が，様々な結果につながることがある． ・注記2　結果は，確かなことも不確かなこともあり，目的に対して好ましい影響又は好ましくない影響を与えることもある． ・注記3　結果は，定性的にも定量的にも表現されることがある． ・注記4　初期の結果が，連鎖によって，段階的に増大することがある．

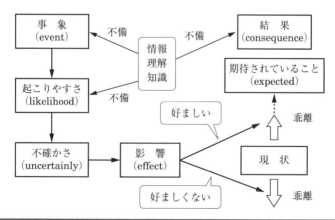

図7　リスクの定義の図式化

05 リスク及び機会への取組み

6 計画
6.1 リスク及び機会への取組み
6.1.1 一般
・組織は，6.1.1〜6.1.4に規定する要求事項を満たすために必要な<u>プロセスを確立</u>し，実施し，維持しなければならない．
・環境マネジメントシステムの計画を策定するとき，組織は，次のa)〜c)を考慮し，
　a) **4.1に規定する課題**
　b) **4.2に規定する要求事項**
　c) 環境マネジメントシステムの適用範囲
次の事項のために取り組む必要がある，環境側面（6.1.2参照），順守義務（6.1.3参照），並びに4.1及び4.2で特定したその他の課題及び要求事項に関連する，**リスク及び機会を決定**しなければならない．
　－環境マネジメントシステムが，その 意図した成果 を達成できるという確信を与える．
　－外部の環境状態が組織に影響を与える可能性を含め，<u>望ましくない影響を防止又は低減</u>する．
　－継続的改善を達成する．
・組織は，環境マネジメントシステムの適用範囲の中で，環境影響を与える可能性のあるものを<u>含</u>め，潜在的な<u>緊急事態</u>を決定しなければならない．
・組織は，次に関する 文書化した情報 を維持しなければならない．
　－取り組む必要がある**リスク及び機会**
　－6.1.1〜6.1.4で必要なプロセスが計画どおりに実施されるという確信をもつために必要な程度の，それらのプロセス

1 適用範囲
・環境マネジメントシステムの 意図した成果 は，組織の環境方針に整合して，次の事項を含む．
　－ 環境パフォーマンス の向上
　－**順守義務**を満たすこと
　－環境目標の達成

6.1.2 環境側面
・注記 著しい環境側面は，有害な環境影響（脅威）又は有益な環境影響（機会）に関連するリスク及び機会をもたらし得る．

6.1.3 順守義務
・注記 順守義務は，組織に対するリスク及び機会をもたらし得る．

6.1.4 取組みの計画策定
・組織は，次の事項を計画しなければならない．
　a) 次の事項への取組み
　　3) 6.1.1で特定したリスク及び機会

6.2.1 環境目標（objectives）
・組織は，組織の著しい環境側面及び関連する**順守義務**を考慮に入れ，かつ，リスク及び機会を考慮し，**関連する機能及び階層において，環境目標を確立**しなければならない．

定義
3.2.10 リスク（**risk**）
・**不確かさの影響**．

9.3 マネジメントレビュー
・マネジメントレビューは，次の事項を考慮しなければならない．
　b) 次の事項の<u>変化</u>
　　4) **リスク及び機会**

図8 リスクに関する要求事項

②順守義務を満たすこと
③環境目的の達成
- この3つの期待を達成するためには，下記の箇条でリスクを考慮することを要求している．
  - 著しい環境側面（6.1.2）
  - 順守義務（6.1.3）
  - リスク及び機会への取組み（6.1）
  - 取組みの計画策定（6.1.4）
  - 環境目標（6.2.1）
  - マネジメントレビュー（9.3）
- つまり，「著しい環境側面」→「順守義務」→「取組みの計画策定」→「環境目標」の流れの中でリスクを考慮して不確かさがないように計画し，「マネジメントレビュー」で評価することを要求している．
- これらの流れを確実にするためには，「組織及びその状況の理解（4.1）」で要求されている外部及び内部の課題を確実に調査する必要がある．

以上の分析で計画段階の中心は，「取組みの計画策定（6.1.4）」であることがわかる．この計画は，組織の中長期計画を示しており，事業プロセスと統合して策定及び見直しをする必要がある．

この中長期計画を基に，環境方針→環境目標→環境目標を達成するための計画（例えば年度計画）へと展開し，現場で実際の作業に反映されることになる．

なお，計画どおり達成されたものは，維持状態で管理を続けることになるが，外部及び内部の課題の変化やリスクの考慮不足などにより，さらなる改善を要求されることもある．

2015年版の**附属書A（参考）**の（A.6.1 リスク及び機会への取組み）には，次のとおりに記述されているので，これを参考にリスクについて検討していただきたい．

A.6.1.1 一般
- リスク及び機会は，決定し，取り組む必要があるが，正式なリスクマネジメント又は文書化したリスクマネジメントプロセスは要求していない．
- リスク及び機会を決定するために用いる方法の選定は，組織に委ねられている．

06　組織及びその状況の理解

組織は，外部及び内部の課題を決定することが要求されている．課題の例としては，**附属書A（参考）**の（A4.1　組織及びその状況の理解）に下記のとおりに記述されている．

> ・組織の状況に関連し得る内部及び外部の**課題**の例には，次の事項を含む．
>   a）気候，大気の質，水質，土地利用，既存の汚染，天然資源の利用可能性及び生物多様性に関連した環境状態で，組織の目的に影響を与える可能性のある，又は環境側面によって影響を受ける可能性のあるもの
>   b）国際，国内，地方又は近隣地域を問わず，外部の文化，社会，政治，法律，規制，金融，技術，経済，自然及び競争の状況
>   c）組織の活動，製品及びサービス，戦略的な方向性，文化，能力（すなわち，人々，知識，プロセス及びシステム）などの，組織の内部の特性又は状況

この課題に関連する箇条は下記のとおりであり，これを図式化して，図9 に示す．

・適用範囲（1）
・組織及びその状況の理解（4.1）
・利害関係者のニーズ及び期待の理解（4.2）
・環境マネジメントシステムの適用範囲の決定（4.3）
・リスク及び機会への取組み（6.1）
・マネジメントレビュー（9.3）

この図から，システムの流れを分析すると，下記のとおりとなる．

・適用範囲に記載されている3つの「意図した成果」を達成するため，組織の外部及び内部の課題を決定する（この時，環境状態も考慮する）．
・この課題を考慮して，環境マネジメントシステムの適用範囲を決定する．
・この時，リスクを考慮し，不確かさの影響が出ないようにする．
・マネジメントレビューでこの課題の変化をレビューする．

3章 ISO 14001：2015（JIS Q 14001：2015）の概要

4.1 組織及びその状況の理解
- 組織は，組織の目的に関連し，かつ，その環境マネジメントシステムの 意図した成果 を達成する組織の能力に影響を与える，外部及び内部の課題を決定しなければならない．
- こうした課題には，組織から影響を受ける又は組織に影響を与える可能性がある環境状態を含まなければならない．

1 適用範囲
- 環境マネジメントシステムの 意図した成果 は，組織の環境方針に整合して，次の事項を含む．
  - 環境パフォーマンス の向上
  - 順守義務を満たすこと
  - 環境目標の達成

3.2.3 環境状態（environmental condition）
- ある特定の時点において決定される，環境（3.2.1）の様相又は特性．

4.3 環境マネジメントシステムの適用範囲の決定
- この適用範囲を決定するとき，組織は，次の事項を考慮しなければならない．
  a）4.1 に規定する外部及び内部の課題

4.2 利害関係者のニーズ及び期待の理解
- 組織は，次の事項を決定しなければならない．
  a）環境マネジメントシステムに関連する利害関係者
  b）それらの利害関係者の，関連するニーズ及び期待（すなわち， 要求事項）
  c）それらのニーズ及び期待のうち，順守義務 となるもの

6.1 リスク及び機会への取組み
6.1.1 一般
- 環境マネジメントシステムの計画を策定するとき，組織は，次の a）～ c）を考慮し，
  a）4.1 に規定する課題
  次の事項のために取り組む必要がある，環境側面（6.1.2 参照），順守義務（6.1.3 参照），並びに 4.1 及び 4.2 で特定したその他の課題及び要求事項に関連する，リスク及び機会を決定しなければならない．
  - 環境マネジメントシステムが，その 意図した成果 を達成できるという確信を与える．
  - 外部の環境状態が組織に影響を与える可能性を含め，望ましくない影響を防止又は低減する．
  - 継続的改善を達成する．

3.2.9 順守義務（compliance obligation）
- 組織（3.1.4）が順守しなければならない法的要求事項（3.2.8），及び組織が順守しなければならない又は順守することを選んだその他の要求事項．
- 注記1 順守義務は，環境マネジメントシステム（3.1.2）に関連している．
- 注記2 順守義務は，適用される法律及び規制のような強制的な要求事項から生じる場合もあれば，組織及び業界の標準，契約関係，行動規範，コミュニティグループ又は非政府組織（NGO）との合意のような，自発的なコミットメントから生じる場合もある．

9.3 マネジメントレビュー
- マネジメントレビューは，次の事項を考慮しなければならない．
  b）次の事項の変化
    1）環境マネジメントシステムに関連する外部及び内部の課題

注）点線枠内の箇条には課題という表現はないが，関連性が強いので参考に記述した．

図9　課題に関する要求事項

07 利害関係者のニーズ及び期待の理解

利害関係者に関連する箇条は下記のとおりであり，これを図式化して，図10 に示す．

- 利害関係者のニーズ及び期待の理解（4.2）
- 環境マネジメントシステムの適用範囲の決定（4.3）
- 環境方針（5.2）
- 順守義務（6.1.3）
- 緊急事態への準備及び対応（8.2）
- マネジメントレビュー（9.3）

利害関係者の例としては，「顧客，コミュニティ，供給者，規制当局，非政府組織（NGO），投資家，従業員」が定義に記述されており，組織は環境マネジメントシステムに関連する利害関係者を決定し，下記を行うことが要求されている．

- 利害関係者の，関連するニーズ及び期待（すなわち要求事項）を決定する．
- それらのニーズ及び期待のうち，組織の順守義務となるものを決定する．
- 環境マネジメントシステムの適用範囲を文書化した情報として，利害関係者が入手できるようにする．
- 必要に応じて，緊急事態への準備及び対応についての関連する情報及び教育訓練を，組織の管理下で働く人々を含む関連する利害関係者に提供する．
- マネジメントレビューで，苦情を含む，利害関係者からの関連するコミュニケーションを考慮する．

以上に示したとおり，順守義務を決定することと，利害関係者への情報公開が強化されている．

08 順守義務

「順守義務」に関連する箇条を 表4 に「●印」で示す．

順守義務の定義は，「組織が順守しなければならない法的要求事項，及び組織が順守しなければならない又は順守することを選んだその他の要求事項．」となっており，2004年版の「法的及びその他の要求事項（4.3.2）」に該当するものである．追加要求ではないが，2015年版で，箇条4.1及び4.2が追加された

3章 ISO 14001:2015（JIS Q 14001:2015）の概要

4.3 環境マネジメントシステムの適用範囲の決定
・環境マネジメントシステムの適用範囲は，文書化した情報として維持しなければならず，かつ，利害関係者がこれを入手できるようにしなければならない．

5.2 環境方針
・環境方針は，次に示す事項を満たさなければならない．
－文書化した情報として維持する．
－組織内に伝達する．
－利害関係者が入手可能である．

8.2 緊急事態への準備及び対応
・組織は，次の事項を行わなければならない．
　f) 必要に応じて，緊急事態への準備及び対応についての関連する情報及び教育訓練を，組織の管理下で働く人々を含む関連する利害関係者に提供する．

9.3 マネジメントレビュー
・マネジメントレビューは，次の事項を考慮しなければならない．
　f) 苦情を含む，利害関係者からの関連するコミュニケーション

定義
3.1.6 利害関係者（interested party）
・ある決定事項若しくは活動に影響を与え得るか，その影響を受け得るか，又はその影響を受けると認識している，個人又は組織（3.1.4）．
　例 顧客，コミュニティ，供給者，規制当局，非政府組織（NGO），投資家，従業員
・注記 "影響を受けると認識している"とは，その認識が組織に知らされていることを意味している．

4.2 利害関係者のニーズ及び期待の理解
・組織は，次の事項を決定しなければならない．
　a) 環境マネジメントシステムに関連する利害関係者
　b) それらの利害関係者の，関連するニーズ及び期待（すなわち，要求事項）
　c) それらのニーズ及び期待のうち，組織の順守義務となるもの

6.1.3 順守義務
・組織は，次の事項を行わなければならない．
　a) 組織の環境側面に関する順守義務を決定し，参照する．
　b) これらの順守義務を組織にどのように適用するかを決定する．
　c) 環境マネジメントシステムを確立し，実施し，維持し，継続的に改善するときに，これらの順守義務を考慮に入れる．
・組織は，順守義務に関する文書化した情報を維持しなければならない．
・注記　順守義務は，組織に対するリスク及び機会をもたらし得る．

定義
3.2.9 順守義務（compliance obligation）
・組織（3.1.4）が順守しなければならない法的要求事項（3.2.8），及び組織が順守しなければならない又は順守することを選んだその他の要求事項．
・注記1　順守義務は，環境マネジメントシステム（3.1.2）に関連している．
・注記2　順守義務は，適用される法律及び規制のような強制的な要求事項から生じる場合もあれば，組織及び業界の標準，契約関係，行動規範，コミュニティグループ又は非政府組織（NGO）との合意のような，自発的なコミットメントから生じる場合もある．

図10　利害関係者に関する要求事項

08　順守義務

表4　順守義務に関する要求事項

順守義務が規定されている箇条（JIS Q 14001:2015）：下表の●印	
1　適用範囲　● 2　引用規格 3　用語及び定義　● 4　組織の状況 4.1　組織及びその状況の理解 4.2　利害関係者のニーズ及び期待の理解　● 4.3　環境マネジメントシステムの適用範囲の決定　● 4.4　環境マネジメントシステム 5　リーダーシップ 5.1　リーダーシップ及びコミットメント 5.2　環境方針　● 5.3　組織の役割，責任及び権限 6　計画 6.1　リスク及び機会への取組み 6.1.1　一般　● 6.1.2　環境側面 6.1.3　順守義務　● 6.1.4　取組みの計画策定　● 6.2　環境目標及びそれを達成するための計画策定 6.2.1　環境目標 6.2.2　環境目標を達成するための取組みの計画策定	7　支援 7.1　資源 7.2　力量　● 7.3　認識　● 7.4　コミュニケーション 7.4.1　一般　● 7.4.2　内部コミュニケーション 7.4.3　外部コミュニケーション　● 7.5　文書化した情報 7.5.1　一般 7.5.2　作成及び更新 7.5.3　文書化した情報の管理 8　運用 8.1　運用の計画及び管理 8.2　緊急事態への準備及び対応 9　パフォーマンス評価 9.1　監視，測定，分析及び評価 9.1.1　一般 9.1.2　順守評価 9.2　内部監査 9.2.1　一般 9.2.2　内部監査プログラム 9.3　マネジメントレビュー　● 10　改善 10.1　一般 10.2　不適合及び是正処置 10.3　継続的改善

6.1.3　順守義務	定義
・組織は，次の事項を行わなければならない． 　a）組織の環境側面に関する順守義務を決定し，参照する． 　b）これらの順守義務を組織にどのように適用するかを決定する． 　c）環境マネジメントシステムを確立し，実施し，維持し，継続的に改善するときに，これらの順守義務を考慮に入れる． ・組織は，順守義務に関する文書化した情報を維持しなければならない． ・注記　順守義務は，組織に対するリスク及び機会をもたらし得る．	3.2.9　順守義務（compliance obligation） ・組織（3.1.4）が順守しなければならない法的要求事項（3.2.8），及び組織が順守しなければならない又は順守することを選んだその他の要求事項． ・注記1　順守義務は，環境マネジメントシステム（3.1.2）に関連している． ・注記2　順守義務は，適用される法律及び規制のような強制的な要求事項から生じる場合もあれば，組織及び業界の標準，契約関係，行動規範，コミュニティグループ又は非政府組織（NGO）との合意のような，自発的なコミットメントから生じる場合もある．

ことにより，事前の調査をシステム的に行うことが強化されている．

　順守義務には，強制的なものと自発的なものがある．強制的なものは要求事項として組み入れ，実行しなければ組織の存在自体に問題が生じる．自発的なものとして，何を要求事項として組み入れるかが重要である．これを決定するのは，トップマネジメントであり，今回の改訂でトップマネジメントの役割が大幅に強化された．

09　環境パフォーマンス

　環境パフォーマンスに関連する箇条は下記のとおりであり，これを図式化して，図11 に示す．
- 環境マネジメントシステム（4.4）
- 環境方針（5.2）
- 組織の役割，責任及び権限（5.3）
- 力量（7.2）
- 監視，測定，分析及び評価（9.1）
- マネジメントレビュー（9.3）
- 継続的改善（10.3）

環境パフォーマンスの向上を確実なものにするために以下の事項を行うことが要求されている．
- 環境マネジメントシステムを確立する．
- トップマネジメントは，環境パフォーマンスを向上させるための継続的改善へのコミットメントを含む環境方針を設定する．
- トップマネジメントは，環境パフォーマンスをトップマネジメントに報告する責任及び権限の割当てをする．
- 組織の環境パフォーマンスに影響を与える業務を組織の管理下で行う人（又は人々）に必要な力量を決定する．
- 環境パフォーマンスを評価するための基準及び適切な指標を設定し，監視し，測定し，分析し，評価する．
- マネジメントレビューでは，次に示す傾向を含めた，組織の環境パフォーマンスに関する情報を考慮する．
    1）不適合及び是正処置

09 環境パフォーマンス

```
┌─────────────────────────────────┐     ┌─────────────────────────────────┐
│ 4.4 環境マネジメントシステム      │     │ 1 適用範囲                      │
│ ・環境パフォーマンスの向上を含む   │     │ ・環境マネジメントシステムの意図 │
│ 意図した成果を達成するため，組織は，│◄────│ した成果は，組織の環境方針に整合│
│ この規格の要求事項に従って，必要な │     │ して，次の事項を含む．          │
│ プロセス及びそれらの相互作用を含む，│     │  − 環境パフォーマンスの向上     │
│ 環境マネジメントシステムを確立し， │     │  − 順守義務を満たすこと         │
│ 実施し，維持し，かつ，継続的に改善 │     │  − 環境目標の達成               │
│ しなければならない．              │     └─────────────────────────────────┘
└─────────────────────────────────┘
              │
              ▼
┌─────────────────────────────────┐     ┌─────────────────────────────────┐
│ 5.2 環境方針                     │     │ 5.3 組織の役割，責任及び権限     │
│ ・トップマネジメントは，組織の環境│     │ ・トップマネジメントは，次の事項│
│ マネジメントシステムの定められた  │     │ に対して，責任及び権限を割り当て│
│ 適用範囲の中で，次の事項を満たす  │────►│ なければならない．              │
│ 環境方針を確立し，実施し，維持しな│     │  b) 環境パフォーマンスを含む環境│
│ ければならない．                  │     │  マネジメントシステムのパフォーマ│
│  e) 環境パフォーマンスを向上させ │     │  ンスをトップマネジメントに報告 │
│  るための環境マネジメントシステム │     │  する．                         │
│  の継続的改善へのコミットメントを │     └─────────────────────────────────┘
│  含む．                          │                 │
└─────────────────────────────────┘                 │
              │                                     ▼
              ▼                           ┌─────────────────────────────────┐
┌─────────────────────────────────┐       │ 7.2 力量                        │
│ 9 パフォーマンス評価              │       │ ・組織は，次の事項を行わなければ│
│ 9.1 監視，測定，分析及び評価      │       │ ならない．                      │
│ 9.1.1 一般                       │       │  a) 組織の環境パフォーマンスに  │
│ ・組織は，環境パフォーマンスを監視│       │  影響を与える業務，及び順守義務 │
│ し，測定し，分析し，評価しなければ│       │  を満たす組織の能力に影響を与える│
│ ならない．                       │       │  業務を組織の管理下で行う人（又は│
│ ・組織は，次の事項を決定しなければ│       │  人々）に必要な力量を決定する． │
│ ならない．                       │       │ 7.3 認識                        │
│  c) 組織が環境パフォーマンスを評価│       │ ・組織は，組織の管理下で働く人々│
│  するための基準及び適切な指標     │       │ が次の事項に関して認識をもつこと│
│ ・組織は，環境パフォーマンス及び環境│     │ を確実にしなければならない．   │
│ マネジメントシステムの有効性を評価│       │  c) 環境パフォーマンスの向上によ│
│ しなければならない．              │       │  って得られる便益を含む，環境マ │
└─────────────────────────────────┘       │  ネジメントシステムの有効性に対 │
              │                           │  する自らの貢献                 │
              ▼                           └─────────────────────────────────┘
┌─────────────────────────────────┐
│ 9.3 マネジメントレビュー          │
│ ・マネジメントレビューは，次の事項│       ┌─────────────────────────────────┐
│ を考慮しなければならない．        │       │ 10.3 継続的改善                 │
│  d) 次に示す傾向を含めた，組織の │       │ ・組織は，環境パフォーマンスを向│
│  環境パフォーマンスに関する情報  │◄──────│ 上させるために，環境マネジメント│
│   1) 不適合及び是正処置          │       │ システムの適切性，妥当性及び有効│
│   2) 監視及び測定の結果          │       │ 性を継続的に改善しなければならな│
│   3) 順守義務を満たすこと        │       │ い．                            │
│   4) 監査結果                    │       └─────────────────────────────────┘
└─────────────────────────────────┘
```

図 11 環境パフォーマンスに関する要求事項

2）監視及び測定の結果
3）順守義務を満たすこと
4）監査結果
・環境パフォーマンスを向上させるために，環境マネジメントシステムの適切性，妥当性及び有効性を継続的に改善する．

10 継続的改善

　本章の **1 節**で述べたとおり，2004 年版ではパフォーマンスを改善するためにシステムを向上することが要求されていたが，2015 年版ではパフォーマンスそのものの向上が要求されており，「継続的改善」の定義が下記のとおりに変更されている．

・2004 年版：組織の環境方針と整合して全体的な環境パフォーマンスの改善を達成するために環境マネジメントシステムを向上させる繰り返しのプロセス．
　　　　　　参考　このプロセスはすべての活動分野で同時に進める必要はない．
・2015 年版：パフォーマンスを向上するために繰り返し行われる活動．
　　　　　　注記 1　パフォーマンスの向上は，組織の環境方針と整合して環境パフォーマンスを向上するために，環境マネジメントシステムを用いることに関連している．
　　　　　　注記 2　活動は，必ずしも全ての領域で同時に，又は中断なく行う必要はない．

　2015 年版で，「継続的改善」が記述されている箇条をまとめて，**図 12** に示す．これに関する主な流れは，次のとおりである．
・持続可能性の"環境的な柱"に寄与しようとする組織はこの規格を適用し，EMS を構築する．
・EMS の中で，パフォーマンスを向上するために継続的に改善する．
・継続的改善を達成するためにはリスクを考慮する．
・環境方針に継続的改善のコミットメントを含める．
・継続的改善に必要な資源を提供する．

10 継続的改善

4.4 環境マネジメントシステム
・ 環境パフォーマンス の向上を含む 意図した成果 を達成するため，組織は，この規格の要求事項に従って，必要な プロセス 及びそれらの相互作用を含む，環境マネジメントシステムを確立し，実施し，維持し，かつ，継続的に改善しなければならない．

5 リーダーシップ
5.1 リーダーシップ及びコミットメント
・ トップマネジメントは，次に示す事項によって，環境マネジメントシステムに関するリーダーシップ及びコミットメントを 実証 しなければならない．
h) 継続的改善を促進する．

6 計画
6.1 リスク及び機会への取組み
6.1.1 一般
― 継続的改善を達成する．

5.2 環境方針
・ トップマネジメントは，組織の環境マネジメントシステムの定められた適用範囲の中で，**次の事項を満たす環境方針を確立し，実施し，維持しなければならない．**
e) 環境パフォーマンス を向上させるための環境マネジメントシステムの継続的改善へのコミットメントを含む．

9.3 マネジメントレビュー
・ マネジメントレビューからのアウトプットには，次の事項を含めなければならない．
― 継続的改善の機会に関する決定
― 必要な場合には，他の 事業プロセス への環境マネジメントシステムの統合を改善するための機会

6.1.3 順守義務
・ 組織は，次の事項を行わなければならない．
c) 環境マネジメントシステムを確立し，実施し，維持し，継続的に改善するときに，これらの順守義務を考慮に入れる．

7 支援
7.1 資源
・ 組織は，環境マネジメントシステムの確立，実施，維持及び継続的改善に必要な資源を決定し，提供しなければならない．

7.4.2 内部コミュニケーション
・ 組織は，次の事項を行わなければならない．
b) コミュニケーションプロセスが，組織の管理下で働く人々の継続的改善への寄与を可能にすることを確実にする．

9.1 監視，測定，分析及び評価
9.2 内部監査

10 改善
10.1 一般
・ 組織は，環境マネジメントシステムの 意図した結果 を達成するために，改善の機会（9.1，9.2及び9.3参照）を決定し，必要な取組みを行わなければならない．

10.3 継続的改善
・ 組織は， 環境パフォーマンス を向上させるために，環境マネジメントシステムの適切性，妥当性及び有効性を継続的に改善しなければならない．

定義
3.4.5 継続的改善（continual improvement）
・ パフォーマンスを 向上 するために繰り返し行われる活動．

図12 継続的改善に関する要求事項

- 継続的改善に寄与できるようなコミュニケーションプロセスを確実にする．
- マネジメントレビューで改善の機会を決定する．
- EMS の適切性，妥当性及び有効性を継続的に改善する．

この「継続的改善」について，2015 年版の**附属書 A（参考）**の（A.3　概念の明確化）に下記のとおりに解説されているので，これを参考にして運用するとよい．

> "継続的（continual）"とは，一定の期間にわたって続くことを意味しているが，途中に中断が入る［中断なく続くことを意味する"連続的（continuous）"とは異なる．］．したがって，改善について言及する場合には，"継続的"という言葉を用いるのが適切である．

11　変更に関する要求事項

変更に関する要求事項が記述されている箇条をまとめて，図 13 に示す．これら以外の箇条でも当然変更はあり得るが，特に変更管理が重視されている箇条と考えていただきたい．

変更の管理については，**附属書 A（参考）**の（A.1　一般）に下記のとおりに記述されている．

> - 変更のマネジメントの一環として，組織は，<u>計画した変更及び計画していない変更</u>について，それらの変更による意図しない結果が環境マネジメントシステムの意図した成果に好ましくない影響を与えないことを確実にするために，取り組むことが望ましい．
> - <u>変更の例</u>には，次の事項が含まれる．
>   - 製品，プロセス，運用，設備又は施設への，計画した変更
>   - スタッフの変更，又は請負者を含む外部提供者の変更
>   - 環境側面，環境影響及び関連する技術に関する新しい情報
>   - 順守義務の変化

変更した内容で，文書化したものは，「文書化した情報（7.5）」で，そうでないものは「コミュニケーション（7.4）」の要求事項に従って確実に関連する部門及び階層へ周知させていただきたい．さらに，変更する場合は，リスク及び機会を考慮に入れることは言うまでもない．

11　変更に関する要求事項

6.2.1　環境目標
・環境目標は，次の事項を満たさなければならない．
　e）必要に応じて，[更新]する．

6.1.2　環境側面
・環境側面を決定するとき，組織は，次の事項を考慮に入れなければならない．
　a）[変更]．これは，[計画]した又は新規の開発，並びに新規の又は[変更]された活動，製品及びサービスを含む

7.4.2　内部コミュニケーション
・組織は，次の事項を行わなければならない．
　a）必要に応じて，環境マネジメントシステムの[変更]を含め，環境マネジメントシステムに関連する[情報]について，組織の種々の階層及び機能間で内部コミュニケーションを行う．

7.5.3　文書化した情報の管理
・文書化した情報の管理に当たって，組織は，該当する場合には，必ず，次の行動に取り組まなければならない．
　－[変更]の管理（例えば，版の管理）
・注記　アクセスとは，文書化した情報の閲覧だけの許可に関する決定，又は文書化した情報の閲覧及び[変更]の許可及び権限に関する決定を意味し得る．

8.1　運用の計画及び管理
・組織は，計画した[変更]を管理し，意図しない[変更]によって生じた結果をレビューし，必要に応じて，有害な影響を緩和する処置をとらなければならない．

8.2　緊急事態への準備及び対応
・組織は，次の事項を行わなければならない．
　e）定期的に，また特に緊急事態の発生後又はテストの後には，プロセス及び計画した対応処置をレビューし，[改訂]する．

10.2　不適合及び是正処置
・不適合が発生した場合，組織は，次の事項を行わなければならない．
　e）必要な場合には，環境マネジメントシステムの[変更]を行う．

9.3　マネジメントレビュー
・マネジメントレビューは，次の事項を考慮しなければならない．
　b）次の事項の[変化]
　　1）環境マネジメントシステムに関連する外部及び内部の課題
　　2）順守義務を含む，利害関係者のニーズ及び期待
　　3）著しい環境側面
　　4）リスク及び機会
・マネジメントレビューからのアウトプットには，次の事項を含めなければならない．
　－資源を含む，環境マネジメントシステムの[変更]の必要性に関する決定

9.2.2　内部監査プログラム
・内部監査プログラムを確立するとき，組織は，関連するプロセスの環境上の重要性，組織に影響を及ぼす[変更]及び前回までの監査の結果を考慮に入れなければならない．

図13　変更に関する要求事項

12 トップマネジメントの役割

トップマネジメントの役割を記述した箇条は下記のとおりであり，その規格の要求事項をまとめて，表5 に示す．

- リーダーシップ及びコミットメント（5.1）

表5 トップマネジメントの役割

5　リーダーシップ
5.1　リーダーシップ及びコミットメント
- トップマネジメントは，次に示す事項によって，環境マネジメントシステムに関するリーダーシップ及びコミットメントを実証しなければならない．
  - a) 環境マネジメントシステムの有効性に説明責任を負う．
  - b) 環境方針及び環境目標を確立し，それらが組織の戦略的な方向性及び組織の状況と両立することを確実にする．
  - c) 組織の事業プロセスへの環境マネジメントシステム要求事項の統合を確実にする．
  - d) 環境マネジメントシステムに必要な資源が利用可能であることを確実にする．
  - e) 有効な環境マネジメント及び環境マネジメントシステム要求事項への適合の重要性を伝達する．
  - f) 環境マネジメントシステムがその意図した成果を達成することを確実にする．
  - g) 環境マネジメントシステムの有効性に寄与するよう人々を指揮し，支援する．
  - h) 継続的改善を促進する．
  - i) その他の関連する管理層がその責任の領域においてリーダーシップを実証するよう，管理層の役割を支援する．
- 注記　この国際規格で"事業"という場合，それは，組織の存在の目的の中核となる活動という広義の意味で解釈され得る．

5.2　環境方針
- トップマネジメントは，組織の環境マネジメントシステムの定められた適用範囲の中で，次の事項を満たす環境方針を確立し，実施し，維持しなければならない．
  - a) 組織の目的，並びに組織の活動，製品及びサービスの性質，規模及び環境影響を含む組織の状況に対して適切である．
  - b) 環境目標の設定のための枠組みを示す．
  - c) 汚染の予防，及び組織の状況に関連するその他の固有なコミットメントを含む，環境保護に対するコミットメントを含む．
    注記　環境保護に対するその他の固有なコミットメントには，持続可能な資源の利用，気候変動の緩和及び気候変動への適応，並びに生物多様性及び生態系の保護を含み得る．
  - d) 組織の順守義務を満たすことへのコミットメントを含む．
  - e) 環境パフォーマンスを向上させるための環境マネジメントシステムの継続的改善へのコミットメントを含む．
- 環境方針は，次に示す事項を満たさなければならない．
  - − 文書化した情報として維持する．
  - − 組織内に伝達する．
  - − 利害関係者が入手可能である．

表5 トップマネジメントの役割（続き）

5.3 組織の役割，責任及び権限
- トップマネジメントは，関連する役割に対して，責任及び権限が割り当てられ，組織内に伝達されることを確実にしなければならない．
- トップマネジメントは，次の事項に対して，責任及び権限を割り当てなければならない．
  a）環境マネジメントシステムが，この規格の要求事項に適合することを確実にする．
  b）環境パフォーマンスを含む環境マネジメントシステムのパフォーマンスをトップマネジメントに報告する．

9.3 マネジメントレビュー
- トップマネジメントは，組織の環境マネジメントシステムが，引き続き，適切，妥当かつ有効であることを確実にするために，あらかじめ定めた間隔で，環境マネジメントシステムをレビューしなければならない．
- マネジメントレビューは，次の事項を考慮しなければならない．
  a）前回までのマネジメントレビューの結果とった処置の状況
  b）次の事項の変化
    1）環境マネジメントシステムに関連する外部及び内部の課題
    2）順守義務を含む，利害関係者のニーズ及び期待
    3）著しい環境側面
    4）リスク及び機会
  c）環境目標が達成された程度
  d）次に示す傾向を含めた，組織の環境パフォーマンスに関する情報
    1）不適合及び是正処置
    2）監視及び測定の結果
    3）順守義務を満たすこと
    4）監査結果
  e）資源の妥当性
  f）苦情を含む，利害関係者からの関連するコミュニケーション
  g）継続的改善の機会
- マネジメントレビューからのアウトプットには，次の事項を含めなければならない．
  − 環境マネジメントシステムが，引き続き，適切，妥当かつ有効であることに関する結論
  − 継続的改善の機会に関する決定
  − 資源を含む，環境マネジメントシステムの変更の必要性に関する決定
  − 必要な場合には，環境目標が達成されていない場合の処置
  − 必要な場合には，他の事業プロセスへの環境マネジメントシステムの統合を改善するための機会
  − 組織の戦略的な方向性に関する示唆
- 組織は，マネジメントレビューの結果の証拠として，文書化した情報を保持しなければならない．

- 環境方針（5.2）
- 組織の役割，責任及び権限（5.3）
- マネジメントレビュー（9.3）

この中で，追加されたものは箇条5.1のみであるが，その他の箇条の内容も大幅に増加している．その主なものを以下に示す．

- システムの有効性の説明責任
- 事業プロセスとの統合
- 環境保護に関するコミットメント
- 環境パフォーマンスの向上
- トップマネジメントの関与を強化するために，管理責任者という表現を削除
- リスク及び機会を考慮

以上に示したとおり，2015年版では，トップマネジメントの役割が大幅に強化されている．

13　予防処置

予防処置は，EMS全体で対応すべきものであるので，この箇条は削除された．したがって，2015年版の中に予防処置を強化する箇条が下記のとおりに追加されている．

- 組織及びその状況の理解（4.1）
- 利害関係者のニーズ及び期待の理解（4.2）
- 環境マネジメントシステムの適用範囲の決定（4.3）
- リーダーシップ及びコミットメント（5.1）
- リスク及び機会への取組み（6.1）

14　文書化した情報

「文書」と「記録」は「文書化した情報」として統合された．これは，"進化を続ける情報技術に対応し，ISOのための書類の大量作成という悪習慣からの脱却するための処置である．"と言われている．

これまで，文書と記録という表現に慣れてきた組織にとっては，混乱するかもしれないので，これが記載されている箇条を　表6　にまとめて，文書と記録に

14 文書化した情報

表6 文書化した情報に関する規定

・維持する（maintain）と記述されているものは文書に「○印」を，保持する（retain）と記述されているものには記録の欄に「○印」を付けた．

項　目		文書化した情報	文書	記録
4.3	環境マネジメントシステムの適用範囲の決定	・環境マネジメントシステムの適用範囲は，文書化した情報として維持しなければならず，かつ，利害関係者がこれを入手できるようにしなければならない．	○	
5.2	環境方針	・環境方針は，次に示す事項を満たさなければならない． －文書化した情報として維持する．	○	
6.1 6.1.1	リスク及び機会への取組み 一般	・組織は，次に関する文書化した情報を維持しなければならない． －取り組む必要があるリスク及び機会 －6.1.1～6.1.4 で必要なプロセスが計画どおりに実施されるという確信をもつために必要な程度の，それらのプロセス	○	
6.1.2	環境側面	・組織は，次に関する文書化した情報を維持しなければならない． －環境側面及びそれに伴う環境影響 －著しい環境側面を決定するために用いた基準 －著しい環境側面	○	
6.1.3	順守義務	・組織は，順守義務に関する文書化した情報を維持しなければならない．	○	
6.2.1	環境目標	・**組織は，環境目標に関する文書化した情報を維持しなければならない．**	○	
7.2	力量	・組織は，力量の証拠として，適切な文書化した情報を保持しなければならない．		○
7.4 7.4.1	コミュニケーション 一般	・組織は，必要に応じて，コミュニケーションの証拠として，文書化した情報を保持しなければならない．		○
8.1	運用の計画及び管理	・組織は，プロセスが計画どおりに実施されたという確信をもつために必要な程度の，文書化した情報を維持しなければならない．	○	
8.2	緊急事態への準備及び対応	・組織は，プロセスが計画どおりに実施されるという確信をもつために必要な程度の，文書化した情報を維持しなければならない．	○	
9 9.1 9.1.1	パフォーマンス評価 監視，測定，分析及び評価 一般	・組織は，監視，測定，分析及び評価の結果の証拠として，適切な文書化した情報を保持しなければならない．		○
9.1.2	順守評価	・組織は，順守評価の結果の証拠として，文書化した情報を保持しなければならない．		○
9.2.2	内部監査プログラム	・組織は，監査プログラムの実施及び監査結果の証拠として，文書化した情報を保持しなければならない．		○

3章 ISO 14001:2015（JIS Q 14001:2015）の概要

9.3	マネジメントレビュー	・組織は，マネジメントレビューの結果の証拠として，文書化した情報 を保持しなければならない．		○
10 10.2	改善 不適合及び是正処置	・組織は，次に示す事項の証拠として，文書化した情報 を保持しなければならない． －不適合の性質及びそれに対してとった処置 －是正処置の結果		○

表7　情報に関する要求事項

項　目	情　報
7.4　コミュニケーション 7.4.1　一般	・コミュニケーションプロセスを確立するとき，組織は，次の事項を行わなければならない． －伝達される環境 情報 が，環境マネジメントシステムにおいて作成される 情報 と整合し，信頼性があることを確実にする．
7.4.2　内部コミュニケーション	・組織は，次の事項を行わなければならない． a）必要に応じて，環境マネジメントシステムの 変更 を含め，環境マネジメントシステムに関連する 情報 について，組織の種々の階層及び機能間で内部コミュニケーションを行う．
7.4.3　外部コミュニケーション	・組織は，コミュニケーションプロセスによって確立したとおりに，かつ，順守義務による要求に従って，環境マネジメントシステムに関連する 情報 について外部コミュニケーションを行わなければならない．
8.2　緊急事態への準備及び対応	・組織は，次の事項を行わなければならない． f）必要に応じて，緊急事態への準備及び対応についての関連する 情報 及び教育訓練を，組織の管理下で働く人々を含む関連する利害関係者に提供する．
9.2　内部監査 9.2.1　一般	・組織は，環境マネジメントシステムが次の状況にあるか否かに関する 情報 を提供するために，あらかじめ定めた間隔で内部監査を実施しなければならない． a）次の事項に適合している． 　1）環境マネジメントシステムに関して，組織自体が規定した要求事項 　2）この規格の要求事項 b）有効に実施され，維持されている
9.3　マネジメントレビュー	・マネジメントレビューは，次の事項を考慮しなければならない． d）次に示す傾向を含めた，組織の 環境パフォーマンス に関する 情報 　1）不適合及び是正処置 　2）監視及び測定の結果 　3）順守義務を満たすこと 　4）監査結果

分類した．この分類に当たって，「文書化した情報を維持する．（maintain）」と記述されているものは文書として，「文書化した情報を保持する．（retain）」と記述されているものは記録として「〇印」で分類した．

上記とは別に，「情報」とだけ記述されている箇条があるので， 表7 にまとめた．規格では，文書化は要求していないが，組織として必要な情報を漏れなく入手し，監視し，レビューすることが要求されている．特に「マネジメントレビュー（9.3）」に規定されている「環境パフォーマンスに関する情報」は重要である．

15 その他の変更

その他の変更がまだ多数あるので， 表8 に2015年版全体に対して「追加，変更又は削除された主なキーワード」を記述しておいた．この資料に，Annex SLによる変更を「＊印」で，14001独自の変更を「・印」で分類しているので，参考にしていただきたい．

この2015年版を適用するためには，本章で述べた変更箇所以外の箇条を確実

表8 追加，変更または削除された主なキーワード

ISO 14001：2015	ISO 14001：2004	追加または変更されたキーワード （削除されたキーワード） ＊ Annex SLによる追加または変更 ・14001独自の追加，変更または削除
1 適用範囲	1. 適用範囲	・意図した成果 　－ 環境パフォーマンス の向上 　－ 順守義務を満たすこと 　－ 環境目標の達成 ・ライフサイクル ・この規格への適合の主張 ・（自己宣言／認証／登録：序文へ移動）
2 引用規格	2. 引用規格	
3. 用語及び定義	3. 用語及び定義	・33個←20個
4 組織の状況 4.1 組織及びその状況の理解		＊新規の箇条 ＊意図した成果 ＊外部及び内部の課題 ・環境状態

4.2 利害関係者のニーズ及び期待の理解		*新規の箇条 ・順守義務←法的及びその他の要求事項 　定義　順守義務（3.2.9）： 　　組織が順守しなければならない法的要求事項及び組織が順守しなければならない又は順守することを選んだその他の要求事項.
4.3 環境マネジメントシステムの適用範囲の決定	4. 環境マネジメントシステム要求事項 4.1　一般要求事項	*外部及び内部の課題 ・組織の単位，機能及び物理的境界 *文書化した情報：利害関係者が入手
4.4 環境マネジメントシステム	4.1　一般要求事項	・環境パフォーマンスの向上 ・意図した成果 *プロセス ・4.1及び4.2で得た知識
5　リーダーシップ 5.1　リーダーシップ及びコミットメント		*新規の箇条 *リーダーシップ *リーダーシップ及びコミットメントを実証 ・説明責任 *事業プロセス *意図した成果
5.2　環境方針	4.2　環境方針	*目標←目的及び目標 ・組織の状況 ・環境保護 　－持続可能な資源の利用 　－気候変動の緩和及び気候変動への適応 　－生物多様性及び生態系の保護 ・環境パフォーマンス ・利害関係者（←一般の人々）が入手
5.3　組織の役割，責任及び権限	4.4　実施及び運用 4.4.1　資源，役割，責任及び権限	・環境パフォーマンス ・（管理責任：削除）
6　計画 6.1　リスク及び機会への取組み 6.1.1　一般		*新規の箇条 ・プロセスを確立 *課題 *意図した成果 *望ましくない影響 ・リスク及び機会 ・緊急事態 ・文書化した情報

6.1.2 環境側面	4.3.1 環境側面		・ライフサイクル ・基準 ・文書化した情報 ・リスク及び機会 ・有害な環境影響（脅威） 　有益な環境影響（機会）
6.1.3 順守義務	4.3.2	法的及びその他の要求事項	・順守義務←法的及びその他の要求事項 　定義　順守義務（3.2.9）： 　　組織が順守しなければならない法的要求事項及び組織が順守しなければならない又は順守することを選んだその他の要求事項. ・継続的改善 ・文書化した情報 ・リスク及び機会
6.1.4 取組みの計画策定			**＊新規の箇条** **＊リスク及び機会** **＊EMSプロセス** ・事業プロセス **＊有効性の評価**
6.2　環境目標及びそれを達成するための計画策定 6.2.1　環境目標（objectives）	4.3.3	目的及び目標及び実施計画	・リスク及び機会 **＊文書化した情報**
6.2.2 環境目標を達成するための取組みの計画策定	4.3.3	目的及び目標及び実施計画	**＊結果の評価方法** ・（手段：削除） ・指標 ・事業プロセス
7　支援 7.1　資源	4.4　実施及び運用 4.4.1	資源, 役割, 責任及び権限	**＊継続的改善**
7.2　力量	4.4.2	力量, 教育訓練及び自覚	**＊環境パフォーマンス** **＊必要な力量を決定** ・ニーズを決定（determine） 　←　ニーズを明確（identify） **＊とった処置の有効性を評価** ・（その他の処置：削除）
7.3　認識	4.4.2	力量, 教育訓練及び自覚	**＊認識をもつことを確実にしなければならない←手順を確立** **＊環境パフォーマンスの向上** ・遵守義務 **＊EMS要求事項に適合しないことの意味**

7.4 コミュニケーション 7.4.1 一般	4.4.3 コミュニケーション	*新規の箇条 ・プロセスを確立 *内容／実施時期／対象者／方法 ・順守義務を考慮 ・信頼性 ・文書化した情報
7.4.2 内部コミュニケーション	4.4.3 コミュニケーション	・コミュニケーションプロセス ・組織の管理下で働く人々の継続的改善への寄与を可能にする
7.4.3 外部コミュニケーション	4.4.3 コミュニケーション	・コミュニケーションプロセス ・関連する情報←著しい環境側面 ・順守義務
7.5 文書化した情報 7.5.1 一般	4.4.4 文書類	*文書化した情報←文書／記録 *文書化した情報の程度 ・順守義務
7.5.2 作成及び更新	4.4.5 文書管理 4.5.4 記録の管理	
7.5.3 文書化した情報の管理	4.4.5 文書管理 4.5.4 記録の管理	*文書化した情報が十分に保護 *アクセス ・（記録の追跡可能：削除）
8 運用 8.1 運用の計画及び管理	4.4 実施及び運用 4.4.6 運用管理	*プロセスを確立←手順の確立 ・工学的な管理 *意図しない変更 *外部委託したプロセス ・ライフサイクルの視点 ・設計及び開発プロセス
8.2 緊急事態への準備及び対応	4.4.7 緊急事態への準備及び対応	・プロセスを確立←手順を確立 ・（事故：削除） ・文書化した情報
9 パフォーマンス評価 9.1 監視, 測定, 分析及び評価 9.1.1 一般	4.5 点検 4.5.1 監視及び測定	・環境パフォーマンス ・評価するための基準及び適切な指標 ・順守義務（追加） ・内部と外部の双方のコミュニケーション ・（定常的 on a regular basis：削除）
9.1.2 順守評価	4.5.2 順守評価	・プロセスを確立←手順を確立 ・頻度を決定←定期的 ・知識及び理解を維持
9.2 内部監査 9.2.1 一般	4.5.5 内部監査	・有効に実施←適切に実施
9.2.2 内部監査プログラム	4.5.5 内部監査	・箇条を新設 ・文書化した情報

9.3 マネジメントレビュー	4.6 マネジメントレビュー	・考慮←インプット **＊外部及び内部の課題** ・リスク及び機会 ・環境パフォーマンス ・環境目標が達成されていない場合の処置 ・事業プロセス ・戦略的な方向性
10 改善 10.1 一般		**＊新規の箇条** ・意図した成果 ・改善の機会
10.2 不適合及び是正処置	4.5.3 不適合並びに是正処置及び予防処置	・他のところで発生 ・処置をとる必要性を評価 ・類似の不適合の有無 ・（予防処置：削除）
10.3 継続的改善	4.1 一般要求事項	・環境パフォーマンスを向上

に運用することが重要であることは言うまでもない．これらについては，**2章**にその概要を記述しているので，再確認していただきたい．

4章に「2015年版と2004年版の詳細比較」を記載しているので，これを基に，組織のシステム移行に取り組んでもらいたい．

16　2015年版への移行時の注意事項

2015年版への移行時には，**附属書A（参考）**の（A.2　構造及び用語の明確化）に下記のとおりに記述されているので，これを参考にして作業を進めていただきたい．

> ・この規格の箇条の構造及び一部の用語は，他のマネジメントシステム規格との一致性を向上させるために，旧規格から変更している．
> ・しかし，この規格では，組織の環境マネジメントシステムの文書にこの規格の箇条の構造又は用語を適用することは要求していない．
> ・組織が用いる用語をこの規格で用いている用語に置き換えることも要求していない．
> ・組織は，"文書化した情報"ではなく，"記録"，"文書類"又は"プロトコル"を用いるなど，それぞれの事業に適した用語を用いることを選択できる．

2015年版と2004年版の詳細比較

　本章では，改訂規格であるISO 14001:2015（JIS Q 14001:2015）と旧規格であるISO 14001:2004（JIS Q 14001:2004）の全文を対比して，詳細な変更内容がわかるよう，以下のようにまとめた．

- 対比表の左欄にJIS Q 14001:2015を，右欄にJIS Q 14001:2004を示した．
- 新旧規格の比較を明確にするため，規格の文章は箇条書にしている（原文と記述方法が相違している）．
- JIS Q 14001:2004の記述の中で，変更箇所を直接対比するために，順序を変更している箇所がある．
- 2015年版の「序文」を対比表の前に記述した．
- 各対比表の後に，関連する用語の定義を実践枠内に，「附属書A」の内容を点線枠内に記述し，解釈を容易にできるようにした．
- 「序文」と「附属書A」は，2015年版のみの記述とし，2004年版との比較は省略した．
- 規格を理解するための参考情報を対比表の右枠内または対比表の後に「＊印（ゴシック）」で記述した（原文にはない）．

4章

01 | ISO 14001 新旧規格の目次比較

JIS Q 14001:2015	JIS Q 14001:2004
序文	序文
1　適用範囲	1　適用範囲
2　引用規格	2　引用規格
3　用語及び定義	3　用語及び定義
4　組織の状況 4.1　組織及びその状況の理解 4.2　利害関係者のニーズ及び期待の理解 4.3　環境マネジメントシステムの適用範囲の決定 4.4　環境マネジメントシステム	4　環境マネジメントシステム要求事項 　4.1　一般要求事項 　4.1　一般要求事項
5　リーダーシップ 5.1　リーダーシップ及びコミットメント 5.2　環境方針 5.3　組織の役割，責任及び権限	4.2　環境方針 4.4.1　資源，役割，責任及び権限
6　計画 6.1　リスク及び機会への取組み 6.1.1　一般 6.1.2　環境側面 6.1.3　順守義務 6.1.4　取組みの計画策定 6.2　環境目標及びそれを達成するための計画策定 6.2.1　環境目標 6.2.2　環境目標を達成するための取組みの計画策定	4.3　計画 4.3.1　環境側面 4.3.2　法的及びその他の要求事項 4.3.3　目的及び目標及び実施計画 4.3.3　目的及び目標及び実施計画
7　支援 7.1　資源 7.2　力量 7.3　認識 7.4　コミュニケーション 7.4.1　一般 7.4.2　内部コミュニケーション 7.4.3　外部コミュニケーション 7.5　文書化した情報 7.5.1　一般 7.5.2　作成及び更新 7.5.3　文書化した情報の管理	4.4　実施及び運用 4.4.1　資源，役割，責任及び権限 4.4.2　力量，教育訓練及び自覚 4.4.2　力量，教育訓練及び自覚 4.4.3　コミュニケーション 4.4.3　コミュニケーション 4.4.3　コミュニケーション 4.4.4　文書類 4.4.5　文書管理 4.4.5　文書管理／4.5.4　記録の管理
8　運用 8.1　運用の計画及び管理 8.2　緊急事態への準備及び対応	4.4　実施及び運用 4.4.6　運用管理 4.4.7　緊急事態への準備及び対応
9　パフォーマンス評価 9.1　監視，測定，分析及び評価 9.1.1　一般 9.1.2　順守評価 9.2　内部監査 9.2.1　一般 9.2.2　内部監査プログラム 9.3　マネジメントレビュー	4.5　点検 4.5.1　監視及び測定 4.5.2　順守評価 4.5.5　内部監査 4.5.5　内部監査 4.6　マネジメントレビュー
10　改善 10.1　一般 10.2　不適合及び是正処置 10.3　継続的改善	 4.5.3　不適合並びに是正処置及び予防処置 4.1　一般要求事項

02　ISO 14001：2015 の序文

《JIS Q 14001：2015》

序文
- この規格は，2015年に第3版として発行されたISO 14001を基に，技術的内容及び構成を変更することなく作成した日本工業規格である．
- なお，この規格で点線の下線を施してある参考事項は，対応国際規格にはない事項である．

0.1　背景
- 将来の世代の人々が自らのニーズを満たす能力を損なうことなく，現在の世代のニーズを満たすために，環境，社会及び経済のバランスを実現することが不可欠であると考えられている．
- 到達点としての持続可能な開発は，持続可能性のこの"三本柱"のバランスをとることによって達成される．
- 厳格化が進む法律，汚染による環境への負荷の増大，資源の非効率的な使用，不適切な廃棄物管理，気候変動，生態系の劣化及び生物多様性の損失に伴い，持続可能な開発，透明性及び説明責任に対する社会の期待は高まっている．
- こうしたことから，組織は，持続可能性の"環境の柱"に寄与することを目指して，環境マネジメントシステムを実施することによって環境マネジメントのための体系的なアプローチを採用するようになってきている．

0.2　環境マネジメントシステムの狙い
- この規格の目的は，社会経済的ニーズとバランスをとりながら，環境を保護し，変化する環境状態に対応するための枠組みを組織に提供することである．
- この規格は，組織が，環境マネジメントシステムに関して設定する意図した成果を達成することを可能にする要求事項を規定している．
- 環境マネジメントのための体系的なアプローチは，次の事項によって，持続可能な開発に寄与することについて，長期的な成功を築き，選択肢を作り出すための情報を，トップマネジメントに提供することができる．
  − 有害な環境影響を防止又は緩和することによって，環境を保護する．
  − 組織に対する，環境状態から生じる潜在的で有害な影響を緩和する．
  − 組織が順守義務を満たすことを支援する．
  − 環境パフォーマンスを向上させる．
  − 環境影響が意図せずにライフサイクル内の他の部分に移行するのを防ぐことができるようなライフサイクルの視点を用いることによって，組織の製品及びサービスの設計，製造，流通，消費及び廃棄の方法を管理するか，又はこの方法に影響を及ぼす．
  − 市場における組織の位置付けを強化し，かつ，環境にも健全な代替策を実施することで，財務上及び運用上の便益を実現する．
  − 環境情報を，関連する利害関係者に伝達する．
- この規格は，他の規格と同様に，組織の法的要求事項を増大又は変化させることを意図していない．

0.3　成功のための要因
- 環境マネジメントシステムの成功は，トップマネジメントが主導する，組織の全ての階層及び機能からのコミットメントのいかんにかかっている．
- 組織は，有害な環境影響を防止又は緩和し，有益な環境影響を増大させるような機会，中

- でも戦略及び競争力に関連のある機会を活用することができる．
- トップマネジメントは，他の事業上の優先事項と整合させながら，環境マネジメントを組織の事業プロセス，戦略的な方向性及び意思決定に統合し，環境上のガバナンスを組織の全体的なマネジメントシステムに組み込むことによって，リスク及び機会に効果的に取り組むことができる．
- この規格をうまく実施していることを示せば，有効な環境マネジメントシステムをもつことを利害関係者に確信させることができる．
- しかし，この規格の採用そのものが，最適な環境上の成果を保証するわけではない．
- この規格の適用は，組織の状況によって，各組織で異なり得る．
- 二つの組織が，同様の活動を行っていながら，それぞれの順守義務，環境方針におけるコミットメント，環境技術及び環境パフォーマンスの到達点が異なる場合であっても，共にこの規格の要求事項に適合することがあり得る．
- 環境マネジメントシステムの詳細さ及び複雑さのレベルは，組織の状況，環境マネジメントシステムの適用範囲，組織の順守義務，並びに組織の活動，製品及びサービスの性質（これらの環境側面及びそれに伴う環境影響も含む．）によって異なる．

0.4　Plan-Do-Check-Act モデル
- 環境マネジメントシステムの根底にあるアプローチの基礎は，Plan-Do-Check-Act（PDCA）という概念に基づいている．
- PDCA モデルは，継続的改善を達成するために組織が用いる反復的なプロセスを示している．
- PDCA モデルは，環境マネジメントシステムにも，その個々の要素の各々にも適用できる．
- PDCA モデルは，次のように簡潔に説明できる．
    - Plan：組織の環境方針に沿った結果を出すために必要な環境目標及びプロセスを確立する．
    - Do：計画どおりにプロセスを実施する．
    - Check：コミットメントを含む環境方針，環境目標及び運用基準に照らして，プロセスを監視し，測定し，その結果を報告する．
    - Act：継続的に改善するための処置をとる．
- 図1は，この規格に導入された枠組みが，どのように PDCA モデルに統合され得るかを示しており，新規及び既存の利用者がシステムアプローチの重要性を理解する助けとなり得る．

図1－PDCA とこの規格の枠組みとの関係（省略）

0.5　この規格の内容
- この規格は，国際標準化機構（ISO）及び JIS のマネジメントシステム規格に対する要求事項に適合している．
- これらの要求事項は，複数の ISO 及び JIS のマネジメントシステム規格を実施する利用者の便益のために作成された，上位構造，共通の中核となるテキスト，共通用語及び中核となる定義を含んでいる．
- この規格には，品質マネジメント，労働安全衛生マネジメント，エネルギーマネジメント，財務マネジメントなどの他のマネジメントシステムに固有な要求事項は含まれていない．
- しかし，この規格は，組織が，環境マネジメントシステムを他のマネジメントシステムの要求事項に統合するために共通のアプローチ及びリスクに基づく考え方を用いることがで

- きるようにしている．
- この規格には，適合を評価するために用いる要求事項を規定している．
- 組織は，次のいずれかの方法によって，この規格への適合を実証することができる．
    - 自己決定し，自己宣言する．
    - 適合について，組織に対して利害関係をもつ人又はグループ，例えば顧客などによる確認を求める．
    - 自己宣言について組織外部の人又はグループによる確認を求める．
    - 外部機関による環境マネジメントシステムの認証・登録を求める．
- 附属書Aには，この規格の要求事項の誤った解釈を防ぐための説明を示す．
- 附属書Bには，旧規格とこの規格との間の広範な技術的対応を示す．
- 環境マネジメントシステムの実施の手引は，JIS Q 14004 に記載されている．
- この規格では，次のような表現形式を使用している．
    - "〜しなければならない"（shall）は，要求事項を示し，
    - "〜することが望ましい"（should）は，推奨を示し，
    - "〜してもよい"（may）は，許容を示し，
    - "〜することができる"，"〜できる"，"〜し得る"など（can）は，可能性又は実現能力を示す．
- "注記"に記載されている情報は，この規格の理解又は利用を助けるためのものである．
- 箇条3で用いている"注記"は，用語データを補完する追加情報を示すほか，用語の使用に関する規定事項を含む場合もある．
- 箇条3の用語及び定義は，概念の順に配列し，巻末には五十音順及びアルファベット順の索引を記載した．

*改訂の2つの柱
  - EMSの将来の課題を考慮し，規格を最新化した．
  - Annex SL を適用し，他のマネジメントシステム規格と整合化するための大きな構造変化行った．

03 ISO 14001:2015 要求事項

1. 適用範囲

JIS Q 14001:2015	JIS Q 14001:2004
1　適用範囲 ・この規格は，組織が環境パフォーマンスを向上させるために用いることができる環境マネジメントシステムの要求事項について規定する． ・この規格は，持続可能性の"環境の柱"に寄与するような体系的な方法で組織の環境責任をマネジメントしようとする組織によって用いられることを意図している． ・この規格は，組織が，環境，組織自体及び利害関係者に価値をもたらす環境マネジメントシステムの意図した成果を達成するために役立つ． ・環境マネジメントシステムの意図した成果は，組織の環境方針に整合して，次の事項を含む． 　－環境パフォーマンスの向上 　－順守義務を満たすこと 　－環境目標の達成 ・この規格は，規模，業種・形態及び性質を問わず，どのような組織にも適用でき，組織がライフサイクルの視点を考慮して管理することができる又は影響を及ぼすことができると決定した，組織の活動，製品及びサービスの環境側面に適用する． ・この規格は，特定の環境パフォーマンス基準を規定するものではない． 「序文　0.5　この規格の内容」に右記と同様の記述あり ・組織は，次のいずれかの方法によって，この規格への適合を実証することができる． 　－自己決定し，自己宣言する．	1　適用範囲 ・この規格は，組織が，法的要求事項及び組織が同意するその他の要求事項並びに著しい環境側面についての情報を考慮に入れた方針及び目的を策定し，実施することができるように，EMSの要求事項を規定する． ＊持続可能性の三本柱：環境，社会，経済のバランス ＊意図した成果（intended outcomes） ISO 9001:2015 では，下記を用いている． 意図した結果（intended result（s）） ・この規格は，組織が管理できるもの及び組織が影響を及ぼすことができるものとして組織が特定する環境側面に適用する． ・この規格自体は，特定の環境パフォーマンス基準には言及しない． ・この規格は，次の事項を行おうとするどのような組織にも適用できる． 　a）EMSを確立し，実施し，維持し，改善する． 　b）表明した環境方針との適合を自ら確信する． 　c）この規格との適合を次のことによって示す． 　　1）自己決定し，自己宣言する．

－適合について，組織に対して利害関係をもつ人又はグループ，例えば顧客などによる確認を求める． －自己宣言について組織外部の人又はグループによる確認を求める． －外部機関による環境マネジメントシステムの認証・登録を求める． ・この規格は，環境マネジメントを体系的に改善するために，全体を又は部分的に用いることができる． ・しかし，この規格への適合の主張は，全ての要求事項が除外されることなく組織の環境マネジメントシステムに組み込まれ，満たされていない限り，容認されない．	2）適合について，組織に対して利害関係をもつ人又はグループ，例えば顧客などによる確認を求める． 3）自己宣言について組織外部の人又はグループによる確認を求める． 4）外部機関による環境マネジメントシステムの認証／登録を求める． ・この規格に示されるすべての要求事項は，どのような環境マネジメントシステムにも取り入れられるように意図されている． ・適用の範囲は，組織の環境方針，その活動，製品及びサービスの性質，並びに組織が機能する立地及び条件のような要因に依存する． ・また，この規格は，附属書Aに，その利用に関する参考としての手引を備えている．

＊意図した成果について，「附属書 A.3」では下記のとおりに記述されている．
　－"意図した成果"（intended outcome）という表現は，組織が環境マネジメントシステムの実施によって達成しようとするものである．
　・最低限の意図した成果には，環境パフォーマンスの向上，順守義務を満たすこと，及び環境目標の達成が含まれる．
　・組織は，それぞれの環境マネジメントシステムについて，追加の意図した成果を設定することができる．
　・例えば，環境保護へのコミットメントと整合して，組織は，持続可能な開発に取り組むための意図した成果を確立してもよい．

2. 引用規格

JIS Q 14001：2015	JIS Q 14001：2004
2　引用規格 ・この規格には，引用規格はない．	2　引用規格（normative reference） ・引用規格はない． ・この項は，旧版（JIS Q 14001：1996）と項番号を一致させておくためにある．

3. 用語及び定義

用語及び定義　目次

3.1　組織及びリーダーシップに関する用語	3.3　支援及び運用に関する用語
3.1.1　マネジメントシステム 　　　（management system） 3.1.2　環境マネジメントシステム 　　　（environmental management system） 3.1.3　環境方針（environmental policy） 3.1.4　組織（organization） 3.1.5　トップマネジメント（top management） 3.1.6　利害関係者（interested party）	3.3.1　力量（competence） 3.3.2　文書化した情報 　　　（documented information） 3.3.3　ライフサイクル（life cycle） 3.3.4　外部委託する（outsource）（動詞） 3.3.5　プロセス（process）
3.2　計画に関する用語	**3.4　パフォーマンス評価及び改善に関する用語**
3.2.1　環境（environment） 3.2.2　環境側面（environmental aspect） 3.2.3　環境状態（environmental condition） 3.2.4　環境影響（environmental impact） 3.2.5　目的，目標（objective） 3.2.6　環境目標（environmental objective） 3.2.7　汚染の予防（prevention of pollution） 3.2.8　要求事項（requirement） 3.2.9　順守義務（compliance obligation） 3.2.10　リスク（risk） 3.2.11　リスク及び機会 　　　（risks and opportunities）	3.4.1　監査（audit） 3.4.2　適合（conformity） 3.4.3　不適合（nonconformity） 3.4.4　是正処置（corrective action） 3.4.5　継続的改善（continual improvement） 3.4.6　有効性（effectiveness） 3.4.7　指標（indicator） 3.4.8　監視（monitoring） 3.4.9　測定（measurement） 3.4.10　パフォーマンス（performance） 3.4.11　環境パフォーマンス 　　　（environmental performance）

JIS Q 14001：2015	JIS Q 14001：2004
3　用語及び定義 ・この規格で用いる主な用語及び定義は，次による．	
3.1　組織及びリーダーシップに関する用語	
3.1.1　マネジメントシステム 　　　　（**management system**） ・方針，目的（3.2.5）及びその目的を達成するためのプロセス（3.3.5）を確立するための，相互に関連する又は相互に作用する，組織（3.1.4）の一連の要素． ・注記1　一つのマネジメントシステムは，単一又は複数の分野（例えば　品質マネジメント，環境マネジメント，労働安全衛生マネジメント，エネルギーマネジメント，財務マネジメント）を取り扱うことができる． ・注記2　システムの要素には，組織の構造，役割及び責任，計画及び運用，パフォーマンス評価並びに改善が含まれる．	

・注記3　マネジメントシステムの適用範囲としては，組織全体，組織内の固有で特定された機能，組織内の固有で特定された部門，複数の組織の集まりを横断する一つ又は複数の機能，などがあり得る．	
3.1.2　環境マネジメントシステム（environmental management system） ・マネジメントシステム（3.1.1）の一部で，環境側面（3.2.2）をマネジメントし，順守義務（3.2.9）を満たし，リスク及び機会（3.2.11）に取り組むために用いられるもの．	**3.8　環境マネジメントシステム（environment management system）** ・組織（3.16）のマネジメントシステムの一部で，環境方針（3.11）を策定し，実施し，環境側面（3.6）を管理するために用いられるもの． ・参考1：マネジメントシステムは，方針及び目的を定め，その目的を達成するために用いられる相互に関連する要素の集まりである． ・参考2：マネジメントシステムには，組織の体制，計画活動，責任，慣行，手順（3.19），プロセス及び資源を含む．
3.1.3　環境方針（environmental policy） ・トップマネジメント（3.1.5）によって正式に表明された，環境パフォーマンス（3.4.11）に関する，組織（3.1.4）の意図及び方向付け．	**3.11　環境方針（environment policy）** ・トップマネジメントによって正式に表明された，環境パフォーマンス（3.10）に関する組織（3.16）の全体的な意図及び方向付け． ・参考：環境方針は，行動のための枠組み，並びに環境目的（3.9）及び環境目標（3.12）を設定するための枠組みを提供する．
3.1.4　組織（organization） ・自らの目的（3.2.5）を達成するため，責任，権限及び相互関係を伴う独自の機能をもつ，個人又は人々の集まり． ・注記　組織という概念には，法人か否か，公的か私的かを問わず，自営業者，会社，法人，事務所，企業，当局，共同経営会社，非営利団体若しくは協会，又はこれらの一部若しくは組合せが含まれる．ただし，これらに限定されるものではない．	**3.16　組織（organization）** ・法人か否か，公的か私的かを問わず，独自の機能及び管理体制をもつ，企業，会社，事業所，官公庁若しくは協会，又はその一部若しくは結合体． ・参考：複数の事業単位をもつ組織の場合には，単一の事業単位を一つの組織と定義してもよい．
3.1.5　トップマネジメント（top management） ・最高位で組織（3.1.4）を指揮し，管理する個人又は人々の集まり． ・注記1　トップマネジメントは，組織内で，権限を委譲し，資源を提供する力をもっている． ・注記2　マネジメントシステム（3.1.1）の適用範囲が組織の一部だけの場合，トップマネジメントとは，組織内のその一部を指揮し，管理する人をいう．	

3.1.6 利害関係者（interested party） ・ある決定事項若しくは活動に影響を与え得るか，その影響を受け得るか，又はその影響を受けると認識している，個人又は組織（3.1.4）． 　例　顧客，コミュニティ，供給者，規制当局，非政府組織（NGO），投資家，従業員 ・注記　"影響を受けると認識している"とは，その認識が組織に知らされていることを意味している．	**3.13 利害関係者（interested party）** ・組織（3.16）の環境パフォーマンス（3.10）に関心をもつか又はその影響を受ける人又はグループ．
3.2　計画に関する用語	
3.2.1 環境（environment） ・大気，水，土地，天然資源，植物，動物，人及びそれらの相互関係を含む，組織（3.1.4）の活動をとりまくもの． ・注記1　"とりまくもの"は，組織内から，近隣地域，地方及び地球規模のシステムにまで広がり得る． ・注記2　"とりまくもの"は，生物多様性，生態系，気候又はその他の特性の観点から表されることもある．	**3.5 環境（environment）** ・大気，水，土地，天然資源，植物，動物，人及びそれらの相互関係を含む，組織（3.16）の活動をとりまくもの． ・参考：ここでいうとりまくものとは，組織（3.16）内から地球規模のシステムにまで及ぶ．
3.2.2 環境側面（environmental aspect） ・環境（3.2.1）と相互に作用する，又は相互に作用する可能性のある，組織（3.1.4）の活動又は製品又はサービスの要素． ・注記1　環境側面は，環境影響（3.2.4）をもたらす可能性がある．著しい環境側面は，一つ又は複数の著しい環境影響を与える又は与える可能性がある ・注記2　組織は，一つ又は複数の基準を適用して著しい環境側面を決定する．	**3.6 環境側面（environment aspect）** ・環境（3.5）と相互に作用する可能性のある，組織（3.16）の活動又は製品又はサービスの要素． ・参考：著しい環境側面は，著しい環境影響（3.7）を与えるか又は与える可能性がある
3.2.3 環境状態（environmental condition） ・ある特定の時点において決定される，環境（3.2.1）の様相又は特性．	
3.2.4 環境影響（environmental impact） ・有害か有益かを問わず，全体的に又は部分的に組織（3.1.4）の環境側面（3.2.2）から生じる，環境（3.2.1）に対する変化．	**3.7 環境影響（environment impact）** ・有害か有益かを問わず，全体的に又は部分的に組織（3.16）の環境側面（3.6）から生じる，環境（3.5）に対するあらゆる変化．
3.2.5 目的，目標（objective） ・達成する結果． ・注記1　目的（又は目標）は，戦略的，戦術的又は運用的であり得る．	**3.9 環境目的（environment objective）** ・組織（3.16）が達成を目指して自ら設定する，環境方針（3.11）と整合する全般的な環境の到達点．

・注記2 目的(又は目標)は,様々な領域[例えば,財務,安全衛生,環境の到達点(goal)]に関連し得るものであり,様々な階層[例えば,戦略的レベル,組織全体,プロジェクト単位,製品ごと,サービスごと,プロセス(3.3.5)ごと]で適用できる。 ・注記3 目的(又は目標)は,例えば,意図する成果,目的(purpose),運用基準など,別の形で表現することもできる。 また,環境目標(3.2.6)という表現の仕方もある。又は,同じような意味をもつ別の言葉[例 狙い(aim),到達点(goal),目標(target)]で表すこともできる。	
3.2.6 環境目標 (environmental objective) ・組織(3.1.4)が設定する,環境方針(3.1.3)と整合のとれた目標(3.2.5)。	**3.12 環境目標 (environment target)** ・環境目的(3.9)から導かれ,その目的を達成するために目的に合わせて設定される詳細なパフォーマンス要求事項で,組織(3.16)又はその一部に適用されるもの。
3.2.7 汚染の予防 (prevention of pollution) ・有害な環境影響(3.2.4)を低減するために,様々な種類の汚染物質又は廃棄物の発生,排出又は放出を回避,低減又は管理するためのプロセス(3.3.5),操作,技法,材料,製品,サービス又はエネルギーを(個別に又は組み合わせて)使用すること。 ・注記 汚染の予防には,発生源の低減若しくは排除,プロセス,製品若しくはサービスの変更,資源の効率的使用,代替材料及び代替エネルギーの利用,再利用,回収,リサイクル,再生又は処理が含まれ得る。	**3.18 汚染の予防 (prevention of pollution)** ・有害な環境影響(3.7)を低減するために,あらゆる種類の汚染物質又は廃棄物の発生,排出,放出を回避し,低減し,管理するためのプロセス,操作,技法,材料,製品,サービス又はエネルギーを(個別に又は組み合わせて)使用すること。 ・参考:汚染の予防には,発生源の低減又は排除,プロセス,製品又はサービスの変更,資源の効率的使用,代替材料及び代替エネルギーの利用,再利用,回収,リサイクル,再生,処理などがある。
3.2.8 要求事項 (requirement) ・明示されている,通常暗黙のうちに了解されている又は義務として要求されている,ニーズ又は期待。 ・注記1 "通常暗黙のうちに了解されている"とは,対象となるニーズ又は期待が暗黙のうちに了解されていることが,組織(3.1.4)及び利害関係者(3.1.6)にとって,慣習又は慣行であることを意味する。 ・注記2 規定要求事項とは,例えば,文書化した情報(3.3.2)の中で明示されている要求事項をいう。 ・注記3 法的要求事項以外の要求事項は,組織がそれを順守することを決定したときに義務となる。	

3.2.9 順守義務（compliance obligation） ・組織（3.1.4）が順守しなければならない法的要求事項（3.2.8），及び組織が順守しなければならない又は順守することを選んだその他の要求事項． ・注記1　順守義務は，環境マネジメントシステム（3.1.2）に関連している． ・注記2　順守義務は，適用される法律及び規制のような強制的な要求事項から生じる場合もあれば，組織及び業界の標準，契約関係，行動規範，コミュニティグループ又は非政府組織（NGO）との合意のような，自発的なコミットメントから生じる場合もある．	
3.2.10　リスク（risk） ・不確かさの影響． ・注記1　影響とは，期待されていることから，好ましい方向又は好ましくない方向にかい（乖）離することをいう． ・注記2　不確かさとは，事象，その結果又はその起こりやすさに関する，情報，理解又は知識に，たとえ部分的にでも不備がある状態をいう． ・注記3　リスクは，起こり得る"事象"（JIS Q 0073:2010 の 3.5.1.3 の定義を参照．）及び"結果"（JIS Q 0073:2010 の 3.6.1.3 の定義を参照．），又はこれらの組合せについて述べることによって，その特徴を示すことが多い． ・注記4　リスクは，ある事象（その周辺状況の変化を含む．）の結果とその発生の"起こりやすさ"（JIS Q 0073:2010 の 3.6.1.1 の定義を参照．）との組合せとして表現されることが多い．	
3.2.11　リスク及び機会 　　　　（risks and opportunities） ・潜在的で有害な影響（脅威）及び潜在的で有益な影響（機会）	
3.3　支援及び運用に関する用語	
3.3.1　力量（competence） ・意図した結果を達成するために，知識及び技能を適用する能力．	
3.3.2　文書化した情報 　　　　（documented information） ・組織（3.1.4）が管理し，維持するよう要求されている情報，及びそれが含まれている媒体． ・注記1　文書化した情報は，様々な形式及び媒体の形をとることができ，様々な情報源から得ることができる．	**3.4　文書（document）** ・情報及びそれを保持する媒体． ・参考1：媒体としては，紙，磁気，電子式若しくは光学式コンピュータディスク，写真若しくはマスターサンプル，又はこれらの組合せがあり得る． ・参考2：JIS Q 9000:2000, 3.7.2 から部分的に採用．

・注記2　文書化した情報には，次に示すものがあり得る． 　−関連するプロセス（3.3.5）を含む環境マネジメントシステム（3.1.2） 　−組織の運用のために作成された情報（文書類と呼ばれることもある．） 　−達成された結果の証拠（記録と呼ばれることもある．）	3.20　記録（record） ・達成した結果を記述した，又は実施した活動の証拠を提供する文書（3.4）． ・参考：JIS Q 9000:2000，3.7.6 から部分的に採用． **＊文書及び記録が文書化した情報に変更された．**
3.3.3　ライフサイクル（life cycle） ・原材料の取得又は天然資源の産出から，最終処分までを含む，連続的でかつ相互に関連する製品（又はサービス）システムの段階群． ・注記　ライフサイクルの段階には，原材料の取得，設計，生産，輸送又は配送（提供），使用，使用後の処理及び最終処分が含まれる．（JIS Q 14044:2010 の 3.1 を変更．"（又はサービス）"を追加し，文章構成を変更し，かつ，注記を追加している．）	
3.3.4　外部委託する（outsource）（動詞） ・ある組織（3.1.4）の機能又はプロセス（3.3.5）の一部を外部の組織が実施するという取決めを行う． ・注記　外部委託した機能又はプロセスはマネジメントシステム（3.1.1）の適用範囲内にあるが，外部の組織はマネジメントシステムの適用範囲の外にある．	
3.3.5　プロセス（process） ・インプットをアウトプットに変換する，相互に関連する又は相互に作用する一連の活動． ・注記　プロセスは，文書化することも，しないこともある．	3.19　手順（procedure） ・活動又はプロセスを実行するために規定された方法． ・参考1：手順は文書化することもあり，しないこともある． ・参考2：JIS Q 9000:2000，3.4.5 から部分的に採用． **＊手順という定義がなくなり，プロセスに変わった．**
3.4　パフォーマンス評価及び改善に関する用語	
3.4.1　監査（audit） ・監査基準が満たされている程度を判定するために，監査証拠を収集し，それを客観的に評価するための，体系的で，独立し，文書化したプロセス（3.3.5）． ・注記1　内部監査は，その組織（3.1.4）自体が行うか，又は組織の代理で外部関係者が行う．	3.14　内部監査（internal audit） ・組織（3.16）が定めた環境マネジメントシステム監査基準が満たされている程度を判定するために，監査証拠を収集し，それを客観的に評価するための体系的で，独立し，文書化されたプロセス．

・注記2　監査は，複合監査（複数の分野の組合せ）でもあり得る． ・注記3　独立性は，監査の対象となる活動に関する責任を負っていないことで，又は偏り及び利害抵触がないことで，実証することができる． ・注記4　JIS Q 19011:2012 の 3.3 及び 3.2 にそれぞれ定義されているように，"監査証拠"は，監査基準に関連し，かつ，検証できる，記録，事実の記述又はその他の情報から成り，"監査基準"は，監査証拠と比較する基準として用いる一連の方針，手順又は要求事項（3.2.8）である．	・参考：多くの場合，特に中小規模の組織の場合は，独立性は，監査の対象となる活動に関する責任を負っていないことで実証することができる． 3.1　監査員（auditor） ・監査を行う力量をもった人． ［JIS Q 9000:2000，3.9.9］
3.4.2　適合（conformity） ・要求事項（3.2.8）を満たしていること．	
3.4.3　不適合（nonconformity） ・要求事項（3.2.8）を満たしていないこと． ・注記　不適合は，この規格に規定する要求事項，及び組織（3.1.4）が自ら定める追加的な環境マネジメントシステム（3.1.2）要求事項に関連している．	3.15　不適合（nonconformity） ・要求事項を満たしていないこと． ［JIS Q 9000:2000，3.6.2］
3.4.4　是正処置（corrective action） ・不適合（3.4.3）の原因を除去し，再発を防止するための処置． ・注記　不適合には，複数の原因がある場合がある．	3.3　是正処置（corrective action） ・検出された不適合（3.15）の原因を除去するための処置． 3.17　予防処置（preventive action） ・起こり得る不適合（3.15）の原因を除去するための処置． ＊予防処置の定義が削除された．
3.4.5　継続的改善（continual improvement） ・パフォーマンス（3.4.10）を向上するために繰り返し行われる活動． ・注記1　パフォーマンスの向上は，組織（3.1.4）の環境方針（3.1.3）と整合して環境パフォーマンス（3.4.11）を向上するために，環境マネジメントシステム（3.1.2）を用いることに関連している． ・注記2　活動は，必ずしも全ての領域で同時に，又は中断なく行う必要はない．	3.2　継続的改善（continual improvement） ・組織（3.16）の環境方針（3.11）と整合して全体的な環境パフォーマンス（3.10）の改善を達成するために環境マネジメントシステム（3.8）を向上させる繰り返しのプロセス． ・参考：このプロセスはすべての活動分野で同時に進める必要はない．
3.4.6　有効性（effectiveness） ・計画した活動を実行し，計画した結果を達成した程度．	

3.4.7 指標（indicator） ・運用，マネジメント又は条件の状態又は状況の，測定可能な表現． （ISO 14031：2013 の 3.15 参照）	
3.4.8 監視（monitoring） ・システム，プロセス（3.3.5）又は活動の状況を明確にすること． ・注記　状況を明確にするために，点検，監督又は注意深い観察が必要な場合もある．	
3.4.9 測定（measurement） ・値を決定するプロセス（3.3.5）．	
3.4.10 パフォーマンス（performance） ・測定可能な結果． ・注記 1　パフォーマンスは，定量的又は定性的な所見のいずれにも関連し得る． ・注記 2　パフォーマンスは，活動，プロセス（3.3.5），製品（サービスを含む．），システム又は組織（3.1.4）の運営管理に関連し得る．	
3.4.11 環境パフォーマンス（environmental performance） ・環境側面（3.2.2）のマネジメントに関連するパフォーマンス（3.4.10）． ・注記　環境マネジメントシステム（3.1.2）では，結果は，組織（3.1.4）の環境方針（3.1.3），環境目標（3.2.6），又はその他の基準に対して，指標（3.4.7）を用いて測定可能である．	**3.10　環境パフォーマンス（environment performance）** ・組織（3.16）の環境側面（3.6）についてのその組織のマネジメントの測定可能な結果． ・参考：環境マネジメントシステム（3.8）では，結果は，組織（3.16）の環境方針（3.11），環境目的（3.9），環境目標（3.12）及びその他の環境パフォーマンス要求事項に対応して測定可能である．

《JIS Q 14001：2015》

附属書 A（参考）
この規格の利用の手引

A.1　一般
・この附属書に記載する説明は，この規格に規定する要求事項の誤った解釈を防ぐことを意図している．
・この情報は，この規格の要求事項と対応し整合しているが，要求事項に対して追加，削除，又は何らの変更を行うことも意図していない．
・この規格の要求事項は，システム又は包括的な観点から見る必要がある．
・利用者は，この規格の特定の文又は箇条を他の箇条と切り離して読まないほうがよい．
・箇条によっては，その箇条の要求事項と他の箇条の要求事項との間に相互関係があるものもある．
・例えば，組織は，環境方針におけるコミットメントと他の箇条で規定された要求事項との関係を理解する必要がある．
・変更のマネジメントは，組織が継続して環境マネジメントシステムの意図した成果を達成

できることを確実にする，環境マネジメントシステムの維持の重要な部分である．
- 変更のマネジメントは，次を含むこの規格の様々な要求事項において規定されている．
  - 環境マネジメントシステムの維持（4.4 参照）
  - 環境側面（6.1.2 参照）
  - 内部コミュニケーション（7.4.2 参照）
  - 運用管理（8.1 参照）
  - 内部監査プログラム（9.2.2 参照）
  - マネジメントレビュー（9.3 参照）
- 変更のマネジメントの一環として，組織は，計画した変更及び計画していない変更について，それらの変更による意図しない結果が環境マネジメントシステムの意図した成果に好ましくない影響を与えないことを確実にするために，取り組むことが望ましい．
- 変更の例には，次の事項が含まれる．
  - 製品，プロセス，運用，設備又は施設への，計画した変更
  - スタッフの変更，又は請負者を含む外部提供者の変更
  - 環境側面，環境影響及び関連する技術に関する新しい情報
  - 順守義務の変化

A.2 構造及び用語の明確化

- この規格の箇条の構造及び一部の用語は，他のマネジメントシステム規格との一致性を向上させるために，旧規格から変更している．
- しかし，この規格では，組織の環境マネジメントシステムの文書にこの規格の箇条の構造又は用語を適用することは要求していない．
- 組織が用いる用語をこの規格で用いている用語に置き換えることも要求していない．
- 組織は，"文書化した情報"ではなく，"記録"，"文書類"又は"プロトコル"を用いるなど，それぞれの事業に適した用語を用いることを選択できる．

A.3 概念の明確化

- 箇条3に規定した用語及び定義のほかに，誤った解釈を防ぐために，幾つかの概念の説明を次に示す．
  - この規格では，英語の"any"という言葉を用いる場合には，選定又は選択を意味している．
    注記　JIS では英語の"any"は，"どのような"又は"様々な"と訳しているほか，訳出していない場合もある．
  - "適切な"，"必要に応じて"など（appropriate）と，"適用される"，"適用できる"，"該当する場合には，必ず"など（applicable）との間には，互換性はない．
    前者は，適している（suitable）という意味をもち，一定の自由度がある．
    後者は，関連する，又は適用することが可能である，という意味をもち，可能な場合には行う必要がある，という意味を含んでいる．
  - "考慮する"（consider）という言葉は，その事項について考える必要があるが除外することができる，という意味をもつ．
    他方，"考慮に入れる"（take into account）は，その事項について考える必要があり，かつ，除外できない，という意味をもつ．
  - "継続的"（continual）とは，一定の期間にわたって続くことを意味しているが，途中に中断が入る［中断なく続くことを意味する"連続的"（continuous）とは異なる．］．
    したがって，改善について言及する場合には，"継続的"という言葉を用いるのが適切である．

- この規格では,"影響"(effect)という言葉は,組織に対する変化の結果を表すために用いている.
  "環境影響"(environmental impact)という表現は,特に,環境に対する変化の結果を意味している.
- "確実にする"及び"確保する"(ensure)という言葉は,責任を委譲することができるが,説明責任については委譲できないことを意味する.
- この規格では,"利害関係者"(interested party)という用語を用いている.
  "ステークホルダー"(stakeholder)という用語は,同じ概念を表す同義語である.
・この規格では,幾つかの新しい用語を用いている.
・この規格の新規の利用者及び旧規格の利用者の双方の助けとなるよう,これらの用語についての簡単な説明を次に示す.
  - "順守義務"という表現は,旧規格で用いていた"法的要求事項及び組織が同意するその他の要求事項"という表現に置き換わるものである.この新しい表現の意味は,旧規格から変更していない.
  - "文書化した情報"は,旧規格で用いていた"文書類","文書"及び"記録"という名詞に置き換わるものであるである.
    一般用語としての"文書化した情報"の意図と区別するため,この規格では,記録を意味する場合には"…の証拠として,文書化した情報を保持する"という表現を用い,記録以外の文書類を意味する場合には"文書化した情報を維持する"という表現を用いている.
    "…の証拠として"という表現は,法的な証拠となる要求事項を満たすことの要求ではなく,保持する必要がある客観的証拠を示すことだけを意図している.
  - "外部提供者"という表現は,製品又はサービスを提供する外部供給者の組織(請負者を含む.)を意味する.
  - "特定する"(identify)から,"決定する"など(determine)に変更した意図は,標準化されたマネジメントシステムの用語と一致させるためである.
    "決定する"など(determine)という言葉は,知識をもたらす発見のプロセスを意味している.
    その意味は,旧規格から変更していない.
  - "意図した成果"(intended outcome)という表現は,組織が環境マネジメントシステムの実施によって達成しようとするものである.
    最低限の意図した成果には,環境パフォーマンスの向上,順守義務を満たすこと,及び環境目標の達成が含まれる.組織は,それぞれの環境マネジメントシステムについて,追加の意図した成果を設定することができる.
    例えば,環境保護へのコミットメントと整合して,組織は,持続可能な開発に取り組むための意図した成果を確立してもよい.
  - "組織の管理下で働く人(又は人々)"という表現は,組織で働く人々,及び組織が責任をもつ,組織のために働く人々(例えば,請負者)を含む.
    この表現は,旧規格で用いていた"組織で働く又は組織のために働く人"という表現に置き換わるものである.この新しい表現の意味は,旧規格から変更していない.
  - 旧規格で用いていた"目標"(target)の概念は,"環境目標"(environmental objective)の用語の中に包含されている.

4. 組織の状況

JIS Q 14001:2015	JIS Q 14001:2004
4　組織の状況 4.1　組織及びその状況の理解 ・組織は，組織の目的に関連し，かつ，その環境マネジメントシステムの意図した成果を達成する組織の能力に影響を与える，外部及び内部の課題を決定しなければならない． ・こうした課題には，組織から影響を受ける又は組織に影響を与える可能性がある環境状態を含まなければならない．	＊新規の箇条 ＊意図した成果（intended outcomes）：箇条1を参照 ＊課題（issuse）の例は下記（A.4.1）参照 ＊環境状態：下記の定義参照

＊課題（issuse）とは，組織にとっての重要なトピック，討議又は議論のための問題，変化している周囲の状況などを包括する言葉で，組織に対してプラス又はマイナスの影響を与え得るもの．
課題は，環境的なものに限定されず，財務，技術，統治などに関するものも含まれ得る．（解説 3.1f）

＊従来は組織の活動，製品及びサービスが環境に与える影響を中心に考えられていたが，今回の改訂では，気候変動による激しい気象の変化など，逆に組織がその影響を受けるケースとして「環境状態」も課題の1つに想定されている．

定義　3.2.3　環境状態（environmental condition）
・ある特定の時点において決定される，環境（3.2.1）の様相又は特性．

《JIS Q 14001:2015》

A.4　組織の状況
A.4.1　組織及びその状況の理解
・4.1は，組織が自らの環境責任をマネジメントする方法に対して好ましい又は好ましくない影響を与える可能性のある重要な課題についての，高いレベルでの，概念的な理解を提供することを意図している．
・課題とは，組織にとって重要なトピック，討議及び議論のための問題，又は環境マネジメントシステムに関して設定した意図した成果を達成する組織の能力に影響を与える，変化している周囲の状況である．
・組織の状況に関連し得る内部及び外部の課題の例には，次の事項を含む．
　a）気候，大気の質，水質，土地利用，既存の汚染，天然資源の利用可能性及び生物多様性に関連した環境状態で，組織の目的に影響を与える可能性のある，又は環境側面によって影響を受ける可能性のあるもの
　b）国際，国内，地方又は近隣地域を問わず，外部の文化，社会，政治，法律，規制，金融，技術，経済，自然及び競争の状況
　c）組織の活動，製品及びサービス，戦略的な方向性，文化，能力（すなわち，人々，知識，プロセス及びシステム）などの，組織の内部の特性又は状況
・組織の状況の理解は，環境マネジメントシステムを確立し，実施し，維持し，継続的に改善するために用いられる（4.4参照）．
・4.1で決定した内部及び外部の課題は，組織又は環境マネジメントシステムに対するリスク及び機会をもたらし得る（6.1.1〜6.1.3参照）．
・組織は，取り組み，マネジメントする必要がある（6.1.4，6.2，箇条7，箇条8及び9.1を参照．）リスク及び機会を決定する．

4.2 利害関係者のニーズ及び期待の理解 ・組織は，次の事項を決定しなければならない． 　a）環境マネジメントシステムに関連する利害関係者 　b）それらの利害関係者の，関連するニーズ及び期待（すなわち，要求事項） 　c）それらのニーズ及び期待のうち，組織の順守義務となるもの	＊組織の環境側面に関する順守義務は「6.1.3 順守義務」で決定する．

＊順守義務の決定は，4.2と6.1.3の2ヶ所で要求されているが，前者は高いレベル（戦略レベル）での決定を求めており，具体的な適用方法を含めた詳細な決定は，後者で求められている．6.1.3では，"組織の環境側面に関する順守義務"であるが，4.2では"組織の順守義務となるもの"と規定されていることから，4.2の方は，"環境側面"に関するものだけでなく，"順守義務"の定義（3.2.9）の注記1に記載されている環境マネジメントシステムに関連している"順守義務"として広く捉え，"リスク及び機会"の発生源となり得るものを決定することとなる．
対応国際規格では，法令順守を重視する欧米勢の意向により，規格全体にわたって，14の細分箇条で，順守義務に関する要求が規定されている（解説3.1d））．

定義

3.1.6 利害関係者（interested party）
・ある決定事項若しくは活動に影響を与え得るか，その影響を受け得るか，又はその影響を受けると認識している，個人又は組織（3.1.4）．
・例　顧客，コミュニティ，供給者，規制当局，非政府組織（NGO），投資家，従業員
・注記　"影響を受けると認識している"とは，その認識が組織に知らされていることを意味している．

3.2.8 要求事項（requirement）
・明示されている，通常暗黙のうちに了解されている又は義務として要求されている，ニーズ又は期待．
・注記1　"通常暗黙のうちに了解されている"とは，対象となるニーズ又は期待が暗黙のうちに了解されていることが，組織（3.1.4）及び利害関係者（3.1.6）にとって，慣習又は慣行であることを意味する．
・注記2　規定要求事項とは，例えば，文書化した情報（3.3.2）の中で明示されている要求事項をいう．
・注記3　法的要求事項以外の要求事項は，組織がそれを順守することを決定したときに義務となる．

3.2.9 順守義務（compliance obligation）
・組織（3.1.4）が順守しなければならない法的要求事項（3.2.8），及び組織が順守しなければならない又は順守することを選んだその他の要求事項．
・注記1　順守義務は，環境マネジメントシステム（3.1.2）に関連している．
・注記2　順守義務は，適用される法律及び規制のような強制的な要求事項から生じる場合もあれば，組織及び業界の標準，契約関係，行動規範，コミュニティグループ又は非政府組織（NGO）との合意のような，自発的なコミットメントから生じる場合もある．

《JIS Q 14001:2015》

A.4.2 利害関係者のニーズ及び期待の理解
・組織は，関連すると決定した内部及び外部の利害関係者から表明されたニーズ及び期待についての一般的な（すなわち，詳細ではなく，高いレベルで）理解を得ることが期待されている．
・組織は，得たその知識を，これらのニーズ及び期待の中から順守しなければならない又は順守することを選ぶもの，すなわち組織の順守義務となるものを決定するときに，考慮することとなる（6.1.1 参照）．
・利害関係者が，環境パフォーマンスに関連する組織の決定又は活動に影響を受けると認識している場合には，組織は，その利害関係者によって組織に知らされている又は開示されている，関連するニーズ及び期待を考慮することとなる．
・利害関係者の要求事項は，必ずしも組織の要求事項になるわけではない．
・利害関係者の要求事項の中には，政府又は裁判所の判決によって，法令，規制，許可及び認可の中に導入されていることで強制的になっているニーズ及び期待を反映しているものもある．
・組織は，利害関係者のその他の要求事項について，自発的に合意又は採用することを決めてもよい（例えば，契約関係の締結，自発的取組みの合意）．
・組織が採用したものは，組織の要求事項，すなわち，順守義務となり，環境マネジメントシステムを計画するときに考慮に入れることとなる（4.4 参照）．
・より詳細なレベルでの順守義務の分析は，6.1.3 で実施される．

| **4.3　環境マネジメントシステムの適用範囲の決定**

・組織は，環境マネジメントシステムの適用範囲を定めるために，その境界及び適用可能性を決定しなければならない．
・この適用範囲を決定するとき，組織は，次の事項を考慮しなければならない．
　a）4.1 に規定する外部及び内部の課題
　b）4.2 に規定する順守義務
　c）組織の単位，機能及び物理的境界
　d）組織の活動，製品及びサービス
　e）管理し影響を及ぼす，組織の権限及び能力
・適用範囲が定まれば，その適用範囲の中にある組織の全ての活動，製品及びサービスは，環境マネジメントシステムに含まれている必要がある．
・環境マネジメントシステムの適用範囲は，文書化した情報として維持しなければならず，かつ，利害関係者がこれを入手できるようにしなければならない． | **4　環境マネジメントシステム要求事項**

4.1　一般要求事項（General requirements）
・組織は，この規格の要求事項に従って，環境マネジメントシステムを確立し，文書化し，実施し，維持し，継続的に改善し，どのようにしてこれらの要求事項を満たすかを決定すること．

＊4.1 及び 4.2 に加えて，さらに 3 項目を要求．

・組織は，その環境マネジメントシステムの適用範囲を定め，文書化すること．
＊入手できる：追加 |

《JIS Q 14001:2015》

A.4.3 環境マネジメントシステムの適用範囲の決定
- 環境マネジメントシステムの適用範囲の意図は，環境マネジメントシステムが適用される物理的及び組織上の境界を明確にすることであり，特にその組織がより大きい組織の一部である場合にはそれが必要である．
- 組織は，その境界を定める自由度及び柔軟性をもつ．
- 組織は，この規格を組織全体に実施するか，又は組織の特定の一部（複数の場合もある．）だけにおいて，その部分のトップマネジメントが環境マネジメントシステムを確立する権限をもつ限りにおいて，その部分に対して実施するかを選択してもよい．
- 適用範囲の設定において，環境マネジメントシステムへの信ぴょう（憑）性は，どのように組織上の境界を選択するかによって決まる．
- 組織は，ライフサイクルの視点を考慮して，活動，製品及びサービスに対して管理できる又は影響を及ぼすことができる程度を検討することとなる．
- 適用範囲の設定を，著しい環境側面をもつ若しくはもつ可能性のある活動・製品・サービス・施設を除外するため，又は順守義務を逃れるために用いないほうがよい．
- 適用範囲は，事実に基づくもので，環境マネジメントシステムの境界内に含まれる組織の運用を表した記述であり，その記述は，利害関係者の誤解を招かないものであることが望ましい．
- この規格への適合を宣言すると，適用範囲の記述を利害関係者に対して入手可能にすることの要求事項が適用される．

4.4 環境マネジメントシステム	4.1 一般要求事項（General requirements）
・環境パフォーマンスの向上を含む意図した成果を達成するため，組織は，この規格の要求事項に従って，必要なプロセス及びそれらの相互作用を含む，環境マネジメントシステムを確立し，実施し，維持し，かつ，継続的に改善しなければならない． ・環境マネジメントシステムを確立し維持するとき，組織は，4.1 及び 4.2 で得た知識を考慮しなければならない．	・組織は，この規格の要求事項に従って，環境マネジメントシステムを確立し，文書化し，実施し，維持し，継続的に改善し，どのようにしてこれらの要求事項を満たすかを決定すること． ＊環境マネジメントシステムの主な目的は環境パフォーマンスの向上． ＊文書化に変わってプロセスの確立を要求．

定義
3.1.1 マネジメントシステム（management system）
- 方針，目的（3.2.5）及びその目的を達成するためのプロセス（3.3.5）を確立するための，相互に関連する又は相互に作用する，組織（3.1.4）の一連の要素．
- 注記1 一つのマネジメントシステムは，単一又は複数の分野（例えば，品質マネジメント，環境マネジメント，労働安全衛生マネジメント，エネルギーマネジメント，財務マネジメント）を取り扱うことができる．
- 注記2 システムの要素には，組織の構造，役割及び責任，計画及び運用，パフォーマンス評価並びに改善が含まれる．
- 注記3 マネジメントシステムの適用範囲としては，組織全体，組織内の固有で特定された機能，組織内の固有で特定された部門，複数の組織の集まりを横断する一つ又は複数の機能，などがあり得る．

3.1.2 環境マネジメントシステム (environmental management system)
- マネジメントシステム (3.1.1) の一部で，環境側面 (3.2.2) をマネジメントし，順守義務 (3.2.9) を満たし，リスク及び機会 (3.2.11) に取り組むために用いられるもの．

3.3.5 プロセス (process)
- インプットをアウトプットに変換する，相互に関連する又は相互に作用する一連の活動．
- 注記　プロセスは，文書化することも，しないこともある．

《JIS Q 14001：2015》
A.4.4 環境マネジメントシステム
- 組織は，次の事項を実施するに当たっての詳細さのレベル及び程度を含む，この規格の要求事項を満たす方法を決定する権限及び説明責任を保持している．
  a) そのプロセスが管理され，計画どおりに実施され，望ましい結果を達成しているという確信をもつために，一つ又は複数のプロセスを確立する．
  b) 設計及び開発，調達，人的資源，販売，マーケティングなどの種々の事業プロセスに，環境マネジメントシステム要求事項を統合する．
  c) 組織の状況に関する課題（4.1 参照）及び利害関係者の要求事項（4.2 参照）を，環境マネジメントシステムの中に組み込む．
- 組織の特定の一部（複数の場合もある．）に対してこの規格を実施する場合には，組織の他の部分が策定した方針，プロセス及び文書化した情報がその特定の一部にも適用可能であれば，この規格の要求事項を満たすものとしてそれらの方針，プロセス及び文書化した情報を用いることができる．
- 変更のマネジメントの一部としての環境マネジメントシステムの維持に関する情報を，A.1 に示す．

5. リーダーシップ

JIS Q 14001：2015	JIS Q 14001：2004
5　リーダーシップ 5.1　リーダーシップ及びコミットメント ・トップマネジメントは，次に示す事項によって，環境マネジメントシステムに関するリーダーシップ及びコミットメントを実証しなければならない． 　a) 環境マネジメントシステムの有効性に説明責任を負う． 　b) 環境方針及び環境目標を確立し，それらが組織の戦略的な方向性及び組織の状況と両立することを確実にする． 　c) 組織の事業プロセスへの環境マネジメントシステム要求事項の統合を確実にする． 　d) 環境マネジメントシステムに必要な資源が利用可能であることを確実にする． 　e) 有効な環境マネジメント及び環境マネジメントシステム要求事項への適合の重要性を伝達する．	＊実証：demonstrate ＊説明責任（accountability）：追加 　確実にする（ensure）は委譲できるが，説明責任は委譲できない．(A.3 参照) ＊戦略的な方向性："ハイレベル／包括的"な，組織の目指すものを意味する． ＊事業プロセス（business process）：追加 　経営と環境マネジメントシステムの一体化を要求

	f) 環境マネジメントシステムがその意図した成果を達成することを確実にする。
	g) 環境マネジメントシステムの有効性に寄与するよう人々を指揮し，支援する。
	h) 継続的改善を促進する。
	i) その他の関連する管理層がその責任の領域においてリーダーシップを実証するよう，管理層の役割を支援する。
・注記	この規格で"事業"という場合，それは，組織の存在の目的の中核となる活動という広義の意味で解釈され得る。

*事業プロセスとは，いわゆる営利事業や生産業務のみではなく，例えば人的資源管理のような間接業務も含め，通常の組織運営に不可欠な活動を幅広く意味している．

《JIS Q 14001:2015》

A.5 リーダーシップ
A.5.1 リーダーシップ及びコミットメント
・リーダーシップ及びコミットメントを実証するために，トップマネジメント自身が関与又は指揮することが望ましい，
・環境マネジメントシステムに関連する特定の責任がある．
・トップマネジメントは，他の人にこれらの行動の責任を委譲してもよいが，それらが実施されたことを確実にすることに対する説明責任は，トップマネジメントが保持する．

JIS Q 14001:2015	JIS Q 14001:2004
5.2 環境方針 ・トップマネジメントは，組織の環境マネジメントシステムの定められた適用範囲の中で，次の事項を満たす環境方針を確立し，実施し，維持しなければならない． a) 組織の目的，並びに組織の活動，製品及びサービスの性質，規模及び環境影響を含む組織の状況に対して適切である．	4.2 環境方針（environmental policy） ・トップマネジメントは，組織の環境方針を定め，環境マネジメントシステムの定められた適用範囲の中で，環境方針が次の事項を満たすことを確実にすること． a) 組織の活動, 製品及びサービスの, 性質, 規模及び環境影響に対して適切である． *目的（**purpose**）：追加 *組織の状況（**context**）：追加
b) 環境目標の設定のための枠組みを示す．	d) 環境目的及び目標（environmental objective and targets）の設定及びレビューのための枠組みを与える． *目標（**objective**）に統一 日本語訳も変更
c) 汚染の予防，及び組織の状況に関連するその他の固有なコミットメントを含む，環境保護に対するコミットメントを含む．	b) 継続的改善及び汚染の予防に関するコミットメントを含む．

注記　環境保護に対するその他の固有なコミットメントには，持続可能な資源の利用，気候変動の緩和及び気候変動への適応，並びに生物多様性及び生態系の保護を含み得る． d）組織の順守義務を満たすことへのコミットメントを含む．	＊環境保護（3項目）：追加 　政府の政策との調整が必要 c）組織の環境側面に関係して適用可能な法的要求事項及び組織が同意するその他の要求事項を順守するコミットメントを含む．
e）環境パフォーマンスを向上させるための環境マネジメントシステムの継続的改善へのコミットメントを含む． ・環境方針は，次に示す事項を満たさなければならない． 　－文書化した情報として維持する． 　－組織内に伝達する． 　－利害関係者が入手可能である．	＊環境パフォーマンスを向上：追加 e）文書化され，実行され，維持される． f）組織で働く又は組織のために働くすべての人に周知される． g）一般の人々が入手可能である．

＊汚染の予防に加えて環境保護（3項目）を追加
　・汚染の予防
　・環境保護
　　－持続可能な資源の利用
　　－気候変動の緩和及び気候変動への適応
　　－生物多様性及び生態系の保護
＊ISO 26000（社会的責任に関する手引）との整合性を考慮
　7つの中核主題：組織統治，人権，労働慣行，環境，公正な事業環境，消費者課題，コミュニティへの参画
　　　6.5　環境
　　　　環境に関する課題1（6.5.3）：汚染の予防
　　　　環境に関する課題2（6.5.4）：持続可能な資源の使用
　　　　環境に関する課題3（6.5.5）：気候変動の緩和及び気候変動への適応
　　　　環境に関する課題4（6.5.6）：環境保護，生物多様性及び自然生息地の回復

《JIS Q 14001:2015》

A.5.2　環境方針
・環境方針は，環境パフォーマンスを支え，向上させるために，トップマネジメントが組織の意図を示すコミットメントとして明示する，一連の原則である．
・環境方針によって，組織は，環境目標を設定し（6.2参照），環境マネジメントシステムの意図した成果を達成するために取り組み，継続的改善を達成する（箇条10参照）ことが可能となる．
・この規格は，次に示す，環境方針の三つの基本的なコミットメントを規定している．
　a）環境を保護する．
　b）組織の順守義務を満たす．
　c）環境パフォーマンスを向上させるために，環境マネジメントシステムを継続的に改善する．
・これらのコミットメントは，しっかりとした，信ぴょう（憑）性及び信頼性のある環境マネジメントシステムを確実にするために，組織がこの規格の特定の要求事項に取り組むために確立するプロセスに反映されることとなる．
・環境保護へのコミットメントは，汚染の予防を通じて有害な環境影響を防止することだけ

でなく，組織の活動，製品及びサービスから生じる危害及び劣化から自然環境を保護することも意図している．
- 組織が追求する固有のコミットメントは，近隣地域又は地方の環境状態を含む，組織の状況に関連するものであることが望ましい．
- これらのコミットメントは，水質，リサイクル，大気の質などに取り組むものであることもあれば，気候変動の緩和及び気候変動への適応，生物多様性及び生態系の保護，並びに回復に関連したコミットメントを含むこともある．
- 全てのコミットメントが重要ではあるが，利害関係者には，順守義務，中でも適用される法的要求事項を満たすことに対する組織のコミットメントに，特に関心をもつ者もいる．
- この規格では，このコミットメントに関連した，多くの相互に関連する要求事項を規定している．
- これらには，次の事項についての必要性が含まれる．
  - 順守義務を決定する．
  - それらの順守義務に従って運用が行われていることを確実にする．
  - 順守義務を満たしていることを評価する．
  - 不適合を修正する．

5.3 組織の役割，責任及び権限	4.4.1 資源，役割，責任及び権限
	・経営層は，環境マネジメントシステムを確立し，実施し，維持し，改善するために不可欠な資源を確実に利用できるようにすること． ・資源には，人的資源及び専門的な技能，組織のインフラストラクチャー，技術，並びに資金を含む． ＊資源については，7.1 で規定．
・トップマネジメントは，関連する役割に対して，責任及び権限が割り当てられ，組織内に伝達されることを確実にしなければならない．	・効果的な環境マネジメントを実施するために，役割，責任及び権限を定め，文書化し，かつ，周知すること． ＊文書化：削除
・トップマネジメントは，次の事項に対して，責任及び権限を割り当てなければならない．	・組織のトップマネジメントは，特定の管理責任者（複数も可）を任命すること． その管理責任者は，次の事項に関する定められた役割，責任及び権限を，他の責任にかかわりなくもつこと． ＊管理責任者：削除
a）環境マネジメントシステムが，この規格の要求事項に適合することを確実にする． b）環境パフォーマンスを含む環境マネジメントシステムのパフォーマンスをトップマネジメントに報告する．	a）この規格の要求事項に従って，環境マネジメントシステムが確立され，実施され，維持されることを確実にする． b）改善のための提案を含め，レビューのために，トップマネジメントに対し環境マネジメントシステムのパフォーマンスを報告する． ＊管理責任者による改善のための提案：削除 全員参加の改善を要求．

《JIS Q 14001：2015》

A.5.3　組織の役割，責任及び権限
- 組織の環境マネジメントシステムに関与する人々は，この規格の要求事項への適合及び意図した成果の達成に関する自らの役割，責任及び権限について，明確に理解していることが望ましい．
- 5.3で特定した特定の役割及び責任は，"管理責任者"と呼ばれることもある個人に割り当てても，複数の人々で分担しても，又はトップマネジメントのメンバーに割り当ててもよい．

6. 計　画

JIS Q 14001：2015	JIS Q 14001：2004
6　計画 **6.1　リスク及び機会への取組み** 6.1.1　一般 ・組織は，6.1.1～6.1.4に規定する要求事項を満たすために必要なプロセスを確立し，実施し，維持しなければならない． ・環境マネジメントシステムの計画を策定するとき，組織は，次のa）～c）を考慮し， 　a）4.1に規定する課題 　b）4.2に規定する要求事項 　c）環境マネジメントシステムの適用範囲 次の事項のために取り組む必要がある，環境側面（6.1.2参照），順守義務（6.1.3参照），並びに4.1及び4.2で特定したその他の課題及び要求事項に関連する，リスク及び機会を決定しなければならない． 　－環境マネジメントシステムが，その意図した成果を達成できるという確信を与える． 　－外部の環境状態が組織に影響を与える可能性を含め，望ましくない影響を防止又は低減する． 　－継続的改善を達成する． ・組織は，環境マネジメントシステムの適用範囲の中で，環境影響を与える可能性のあるものを含め，潜在的な緊急事態を決定しなければならない． ・組織は，次に関する文書化した情報を維持しなければならない． 　－取り組む必要があるリスク及び機会 　－6.1.1～6.1.4で必要なプロセスが計画どおりに実施されるという確信をもつために必要な程度の，それらのプロセス	＊新規の箇条． ＊プロセスの確立を要求． ＊リスクの発生源が3つ記述されている． 　・環境側面 　・順守義務 　・課題 ＊外部の環境状態：気候変動，大雨，竜巻など 4.4.7　緊急事態への準備及び対応 ・組織は，環境に影響を与える可能性のある潜在的な緊急事態及び事故を特定するための，またそれらにどのようにして対応するかの手順を確立し，実施し，維持すること． ＊「8.2　緊急事態への準備及び対応」で管理 ＊含め：追加（下記欄外参照）

＊附属書SLによる"リスク"の定義はそのままにして,"リスク及び機会(risks and opportunities)"というフレーズを環境固有の定義とした.
"リスク及び機会"と"著しい環境側面"とに関する要求事項は独立ものとして規定し,その上で両者を統合して又個別に実施するかは組織に任せることにした.
"リスク及び機会"は"環境側面"に関連するものだけだなく,"順守義務"又は"組織の状況"[外部及び内部の課題(4.1),並びに利害関係者のニーズ及び期待(4.2)]から生起するものがある.(解説 3.1b)
＊"緊急事態"の特定は,6.1.1 に規定され,運用管理レベルである 8.2 において,準備及び対応を求める形となった.これは,"緊急事態"も"リスク(脅威)"の一つであるという認識による.(解説 3.1c)
＊"環境に影響を与える可能性のある"を"環境影響を与える可能性のあるものを含め"という表現に変更した.これは"緊急事態"には,環境に影響を与えなくとも,環境マネジメントシステムに関連して組織に影響を与えるような事態を含み得ることを意図している.(解説 3.1c)
＊機会(opportunities)
オックスフォードの辞書では,

> 機会(opportunities):a time when a particular situation makes it possible to do or achieve something,

---

定義

3.2.10　リスク(risk)
- 不確かさの影響.
- 注記1　影響とは,期待されていることから,好ましい方向又は好ましくない方向にかい(乖)離することをいう.
- 注記2　不確かさとは,事象,その結果又はその起こりやすさに関する,情報,理解又は知識に,たとえ部分的にでも不備がある状態をいう.
- 注記3　リスクは,起こり得る"事象"(JIS Q 0073:2010 の 3.5.1.3 の定義を参照.)及び"結果"(JIS Q 0073:2010 の 3.6.1.3 の定義を参照.),又はこれらの組合せについて述べることによって,その特徴を示すことが多い.
- 注記4　リスクは,ある事象(その周辺状況の変化を含む.)の結果とその発生の"起こりやすさ"(JIS Q 0073:2010 の 3.6.1.1 の定義を参照.)との組合せとして表現されることが多い.

3.2.11　リスク及び機会(risk and opportunities)
- 潜在的で有害な影響(脅威)及び潜在的で有益な影響(機会)

《JIS Q 14001:2015》

A.6　計画
A.6.1　リスク及び機会への取組み
A.6.1.1　一般
- 6.1.1 で確立されるプロセスの全体的な意図は,組織が環境マネジメントシステムの意図した成果を達成し,望ましくない影響を防止又は低減し,継続的改善を達成できることを確実にすることである.
- 組織は,これらのことを,取り組む必要があるリスク及び機会を決定し,それらへの取組みを計画することによって確実にすることができる.
- これらのリスク及び機会は,環境側面,順守義務,その他の課題,又は利害関係者のその他のニーズ及び期待に関連し得る.
- 環境側面(6.1.2 参照)は,有害な環境影響,有益な環境影響,及び組織に対するその他の影響に関連する,リスク及び機会を生み出し得る.
- 環境側面に関連するリスク及び機会は,著しさの評価の一部として決定することも,又は

- 個別に決定することもできる．
- 順守義務（6.1.3 参照）は，不順守（これは，組織の評判を害し得る，又は法的行動につながり得る．），順守義務を超えた実施（これは，組織の評判の強化につながり得る．）のような，リスク及び機会を生み出し得る．
- 組織は，また，環境マネジメントシステムの意図した成果を達成する組織の能力に影響を与え得る，環境状態又は利害関係者のニーズ及び期待を含むその他の課題に関連する，リスク及び機会をもち得る．
- こうしたリスク及び機会の例には，次に示すものがある．
  a）労働者間の識字又は言葉の壁によって現地の業務手順を理解できないことよる，環境への流出．
  b）組織の構内に影響を与え得る，気候変動による洪水の増加
  c）経済的制約による，有効な環境マネジメントシステムを維持するための利用可能な資源の欠如
  d）大気の質を改善し得る，政府の助成を利用した新しい技術の導入
  e）排出管理設備を運用する組織の能力に影響を与え得る，干ばつ期における水不足
- 緊急事態は，顕在した又は潜在的な結果を防止又は緩和するために特定の力量，資源又はプロセスの緊急の適用を必要とする，計画していない又は予期しない事象である．
- 緊急事態は，有害な環境影響又は組織に対するその他の影響をもたらす可能性がある．
- 潜在的な緊急事態（例えば，火災，化学物質の漏えい，悪天候）を決定するとき，組織は，次の事項を考慮することが望ましい．
  − 現場ハザードの性質（例えば，可燃性液体，貯蔵タンク，圧縮ガス）
  − 緊急事態の最も起こりやすい種類及び規模
  − 近接した施設（例えば，プラント，道路，鉄道）で緊急事態が発生する可能性
- リスク及び機会は，決定し，取り組む必要があるが，正式なリスクマネジメント又は文書化したリスクマネジメントプロセスは要求されていない．
- リスク及び機会を決定するために用いる方法の選定は，組織の裁量に委ねられている．
- この方法には，組織の活動が行われる状況に応じて，単純な定性的プロセス又は完全な定量的評価を含めてもよい．
- 特定されたリスク及び機会（6.1.1〜6.1.3 参照）は，取組みの計画策定（6.1.4 参照）及び環境目標の確立（6.2 参照）へのインプットとなる．

6.1.2　環境側面	4.3　計画 4.3.1　環境側面
・組織は，環境マネジメントシステムの定められた適用範囲の中で，ライフサイクルの視点を考慮し，組織の活動，製品及びサービスについて，組織が管理できる環境側面及び組織が影響を及ぼすことができる環境側面，並びにそれらに伴う環境影響を決定しなければならない．	・組織は，次の事項に関わる手順を確立し，実施し，維持すること． 　a）環境マネジメントシステムの定められた適用範囲の中で，活動，製品及びサービスについて組織が管理できる環境側面及び組織が影響を及ぼすことができる環境側面を特定する． ＊ライフサイクル：追加 ＊環境影響を決定：追加
・環境側面を決定するとき，組織は，次の事項を考慮に入れなければならない． 　a）変更．これは，計画した又は新規の開発，並びに新規の又は変更された活動，製品及びサービスを含む．	その際には，計画された若しくは新現の開発，又は新規の若しくは変更された活動，製品及びサービスも考慮に入れる．

b）非通常の状況及び合理的に予見できる緊急事態 ・組織は，設定した基準を用いて，著しい環境影響を与える又は与える可能性のある側面（すなわち，著しい環境側面）を決定しなければならない． ・組織は，必要に応じて，組織の種々の階層及び機能において，著しい環境側面を伝達しなければならない． ・組織は，次に関する文書化した情報を維持しなければならない． 　－環境側面及びそれに伴う環境影響 　－著しい環境側面を決定するために用いた基準 　－著しい環境側面 ・注記　著しい環境側面は，有害な環境影響（脅威）又は有益な環境影響（機会）に関連するリスク及び機会をもたらし得る．	b）環境に著しい影響を与える又は与える可能性のある側面（すなわち著しい環境側面）を決定する． ＊基準：追加 ・組織は，その環境マネジメントシステムを確立し，実施し，維持するうえで，著しい環境側面を確実に考慮に入れること． ・組織は，この情報を文書化し，常に最新のものにしておくこと． ＊リスク：追加 ＊脅威と機会には3つの発生源がある． 　・**著しい環境側面（6.1.2）** 　・**順守義務（6.1.3）** 　・**外部及び内部の課題（4.1）**

定義

3.2.2　環境側面（environmental aspect）
・環境（3.2.1）と相互に作用する，又は相互に作用する可能性のある，組織（3.1.4）の活動又は製品又はサービスの要素．
・注記1　環境側面は，環境影響（3.2.4）をもたらす可能性がある．
　著しい環境側面は，一つ又は複数の著しい環境影響を与える又は与える可能性がある．
・注記2　組織は，一つ又は複数の基準を適用して著しい環境側面を決定する．

3.2.4　環境影響（environmental impact）
・有害か有益かを問わず，全体的に又は部分的に組織（3.1.4）の環境側面（3.2.2）から生じる，環境（3.2.1）に対する変化．

3.3.3　ライフサイクル（life cycle）
・原材料の取得又は天然資源の産出から，最終処分までを含む，連続的でかつ相互に関連する製品（又はサービス）システムの段階群．
・注記　ライフサイクルの段階には，原材料の取得，設計，生産，輸送又は配送（提供），使用，使用後の処理及び最終処分が含まれる．
［JIS Q 14044:2010の3.1を変更．"（又はサービス）"を追加し，<u>文章構成を変更し，かつ，注記を追加している</u>．］

《JIS Q 14001:2015》

A.6.1.2 環境側面
- 組織は，環境側面及びそれに伴う環境影響を決定し，それらのうち，環境マネジメントシステムによって取り組む必要がある著しいものを決定する．
- 有害か有益かを問わず，全体的に又は部分的に環境側面から生じる，環境に対する変化を環境影響という．
- 環境影響は，近隣地域，地方及び地球規模で起こり得るものであり，また，直接的なもの，間接的なもの，又は性質上累積的なものでもあり得る．
- 環境側面と環境影響との関係は，一種の因果関係である．
- 環境側面を決定するとき，組織は，ライフサイクルの視点を考慮する．
- これは，詳細なライフサイクルアセスメントを要求するものではなく，組織が管理できる又は影響を及ぼすことができるライフサイクルの段階について注意深く考えることで十分である．
- 製品（又はサービス）の典型的なライフサイクルの段階には，原材料の取得，設計，生産，輸送又は配送（提供），使用，使用後の処理及び最終処分が含まれる．
- 適用できるライフサイクルの段階は，活動，製品又はサービスによって異なる．
- 組織は，環境マネジメントシステムの適用範囲内にある環境側面を決定する必要がある．
- 組織は，現在及び関連する過去の活動，製品及びサービス，計画した又は新規の開発，並びに新規の又は変更された活動，製品及びサービスに関するインプット及びアウトプット（意図するか意図しないかにかかわらず）を考慮に入れる．
- 用いる方法は，通常及び非通常の運用状況，停止及び立ち上げの状況，並びに 6.1.1 で特定した合理的に予見できる緊急事態を考慮することが望ましい．
- 過去の緊急事態の発生について，注意を払うことが望ましい．
- 変更のマネジメントの一部としての環境側面に関する情報を，A.1 に示す．
- 組織は，環境側面を決定し評価するために，製品，部品又は原材料をそれぞれ個別に考慮する必要はなく，製品及びサービスに共通の特性がある場合には，その活動，製品及びサービスをグループ化又は分類してもよい．
- 環境側面を決定するとき，組織は，次の事項を考慮することができる．
    a) 大気への排出
    b) 水への排出
    c) 土地への排出
    d) 原材料及び天然資源の使用
    e) エネルギーの使用
    f) 排出エネルギー［例えば，熱，放射，振動（騒音），光］
    g) 廃棄物及び／又は副産物の発生
    h) 空間の使用
- 組織は，組織が直接的に管理できる環境側面のほかに，影響を及ぼすことができる環境側面があるか否かを決定する．
- これは，他者から提供され，組織が使用する製品及びサービス，並びに組織が他者に提供する製品及びサービス（外部委託したプロセスに関連するものも含む．）に関連し得る．
- 組織が他者に提供する製品及びサービスについて，組織は，その製品及びサービスの使用及び使用後の処理に対して限定された影響しかもつことができない場合がある．
- しかし，いかなる場合においても，組織が管理できる程度，影響を及ぼすことができる環境側面，及び組織が行使することを選択するそうした影響の程度を決定するのは，組織である．
- 組織の活動，製品及びサービスに関係する環境側面の例として，次の事項を考慮することが望ましい．

- 施設，プロセス，製品及びサービスの設計及び開発
- 採取を含む，原材料の取得
- 倉庫保管を含む，運用又は製造のプロセス
- 施設，組織の資産及びインフラストラクチャの，運用及びメンテナンス
- 外部提供者の環境パフォーマンス及び業務慣行
- 包装を含む，製品の輸送及びサービスの提供
- 製品の保管，使用及び使用後の処理
- 廃棄物管理。これには，再利用，修復，リサイクル及び処分を含む。

- 著しい環境側面を決定する方法は，一つだけではない。
- しかし，用いる方法及び基準は，矛盾のない一貫した結果を出すものであることが望ましい。
- 組織は，著しい環境側面を決定するための基準を設定する。
- 環境に関する基準は，環境側面を評価するための主要かつ最低限の基準である。
- 基準は，環境側面（例えば，種類，規模，頻度）に関連することもあれば，環境影響（例えば，規模，深刻度，継続時間，暴露）に関連することもある。
- 組織は，その他の基準を用いてもよい。
- ある環境側面は，環境に関する基準を考慮するだけの場合には著しくなかったとしても，その他の基準を考慮した場合には，著しさを決定するためのしきい（閾）値に達するか，又はそれを超える可能性がある。
- これらのその他の基準には，法的要求事項，利害関係者の関心事などの，組織の課題を含み得る。
- これらのその他の基準は，環境影響に基づいて著しさがある側面を過小評価するために用いられることは意図したものではない。
- 著しい環境側面は，一つ又は複数の著しい環境影響をもたらす可能性があるため，組織が環境マネジメントシステムの意図した成果を達成することを確実にするために取り組む必要があるリスク及び機会をもたらし得る。

6.1.3 順守義務	4.3.2 法的及びその他の要求事項 ＊「法的要求事項及び組織が同意するその他の要求事項」を「順守義務」という表現に変更。
・組織は，次の事項を行わなければならない。 　a）組織の環境側面に関する順守義務を決定し，参照する。 　b）これらの順守義務を組織にどのように適用するかを決定する。 　c）環境マネジメントシステムを確立し，実施し，維持し，継続的に改善するときに，これらの順守義務を考慮に入れる。	・組織は次の事項にかかわる手順を確立し，実施し，維持すること。 　a）組織の環境側面に関係して適用可能な法的要求事項及び組織が同意するその他の要求事項を特定し，参照する。 　b）これらの要求事項を組織の環境側面にどのように適用するかを決定する。 ・組織は，その環境マネジメントシステムを確立し，実施し，維持するうえで，これらの適用可能な法的要求事項及び組織が同意するその他の要求事項を確実に考慮に入れること。 ＊継続的改善：追加

・組織は,順守義務に関する文書化した情報を維持しなければならない.	＊文書化した情報：追加
・注記　順守義務は,組織に対するリスク及び機会をもたらし得る.	＊リスク：追加

＊「4.2　利害関係者のニーズ及び期待の理解」で決定したものを,ここでどのように環境側面に適用するかを決定することになる.
　4.2 では文書化が要求されていないので,順守義務に関する文書化した情報との関連を説明できるようにしておく必要がある.
＊ライフサイクルが記述されていない.
　外部提供者の順守義務に関する管理をどこまで行うか,検討する必要がある.
＊「5.1　リーダーシップ及びコミットメント」で規定されている事業プロセスとの統合で,順守義務が拡大される可能性がある.
＊将来的には,順守評価要員に必要な力量を求める可能性がある.（A.7.2 参照）

定義
3.2.9　順守義務（compliance obligation）
・組織（3.1.4）が順守しなければならない法的要求事項（3.2.8）,及び組織が順守しなければならない又は順守することを選んだその他の要求事項.
・注記 1　順守義務は,環境マネジメントシステム（3.1.2）に関連している.
・注記 2　順守義務は,適用される法律及び規制のような強制的な要求事項から生じる場合もあれば,組織及び業界の標準,契約関係,行動規範,コミュニティグループ又は非政府組織（NGO）との合意のような,自発的なコミットメントから生じる場合もある.

《JIS Q 14001:2015》

A.6.1.3　順守義務
・組織は,4.2 で特定した順守義務のうち環境側面に適用されるもの,及びどのようにそれらの順守義務を組織に適用するかについての,十分に詳細なレベルでの決定を行う.
・順守義務には,組織が順守しなければならない法的要求事項,及び組織が順守しなければならない又は順守することを選んだその他の要求事項が含まれる.
・組織の環境側面に関連する強制的な法的要求事項には,適用可能な場合には,次が含まれ得る.
　a）政府機関又はその他の関連当局からの要求事項
　b）国際的な,国の及び近隣地域の法令及び規制
　c）許可,認可又はその他の承認の形式において規定される要求事項
　d）規制当局による命令,規則又は指針
　e）裁判所又は行政審判所の判決
・順守義務は,組織が採用しなければならない又は採用することを選ぶ,組織の環境マネジメントシステムに関連した,利害関係者のその他の要求事項も含む.
・これらには,適用可能な場合には,次が含まれ得る.
　－コミュニティグループ又は非政府組織（NGO）との合意
　－公的機関又は顧客との合意
　－組織の要求事項
　－自発的な原則又は行動規範
　－自発的なラベル又は環境コミットメント
　－組織との契約上の取決めによって生じる義務
　－関連する,組織又は業界の標準

6.1.4　取組みの計画策定 ・組織は，次の事項を計画しなければならない． 　a）次の事項への取組み 　　1）著しい環境側面 　　2）順守義務 　　3）6.1.1で特定したリスク及び機会 　b）次の事項を行う方法 　　1）その取組みの環境マネジメントシステムプロセス（6.2，箇条7，箇条8及び9.1参照）又は他の事業プロセスへの統合及び実施 　　2）その取組みの有効性の評価（9.1参照） ・これらの取組みを計画するとき，組織は，技術上の選択肢，並びに財務上，運用上及び事業上の要求事項を考慮しなければならない．	＊この計画は，高いレベル（戦略レベル）の計画であり，オペレーションレベルへの落とし込みは，例えば6.2，8.1，9で対応することになる． ＊どこで行うか決める必要がある． 例：9.1　監視，測定，分析及び評価 　　9.1.1　一般 　　9.1.2　順守評価 　　9.2　内部監査

《JIS Q 14001:2015》

A.6.1.4　取組みの計画策定
- 組織は，組織が環境マネジメントシステムの意図した成果を達成するための優先事項である，著しい環境側面，順守義務，並びに6.1.1で特定したリスク及び機会に対して環境マネジメントシステムの中で行わなければならない取組みを，高いレベルで計画する．
- 計画した取組みには，環境目標の確立（6.2参照）を含めても，又は，この取組みを他の環境マネジメントシステムプロセスに，個別に若しくは組み合わせて組み込んでもよい．
- これらの取組みは，労働安全衛生，事業継続などの他のマネジメントシステムを通じて，又はリスク，財務上若しくは人的資源のマネジメントに関連した他の事業プロセスを通じて行ってもよい．
- 技術上の選択肢を検討するとき，組織は，経済的に実行可能であり，費用対効果があり，かつ，適切と判断される場合には，利用可能な最良の技術の使用を考慮することが望ましい．
- これは，組織に環境原価会計手法の使用を義務付けようとするものではない．

6.2　環境目標及びそれを達成するための計画策定 6.2.1　環境目標（objectives） ・組織は，組織の著しい環境側面及び関連する順守義務を考慮に入れ，かつ，リスク及び機会を考慮し，関連する機能及び階層において，環境目標を確立しなければならない． ・環境目標は，次の事項を満さなければならない．	4.3.3　目的（objectives），目標（targets）及び実施計画 ＊目標（objectives）に統一． 指標（indicator）が新たに規定され，targetsは削除． ・組織は，組織内の関連する部門及び階層で，文書化された環境目的及び目標を設定し，実施し，維持すること．

a) 環境方針と整合している.	・そして，汚染の予防，適用可能な法的要求事項及び組織が同意するその他の要求事項の順守並びに継続的改善に関するコミットメントを含めて，環境方針に整合していること.
b)（実行可能な場合）測定可能である.	・目的及び目標は，実施できる場合には測定可能であること. ＊環境目標を測定することが実施可能でない状況もあり得るので，（実行可能な場合）とした. **ISO 9001：2015ではこの言葉は削除されている.**
c) 監視する. d) 伝達する. e) 必要に応じて，更新する.	・その目的及び目標を設定しレビューするにあたって，組織は，法的要求事項及び組織が同意するその他の要求事項並びに著しい環境側面を考慮に入れること.
・組織は，環境目標に関する文書化した情報を維持しなければならない.	＊文書化した情報：追加 ・また，技術上の選択肢，財務上，運用上及び事業上の要求事項，並びに利害関係者の見解も考慮すること.

定義

3.2.5 目的，目標（objective）
 ・達成する結果.
 ・注記1　目的（又は目標）は，戦略的，戦術的又は運用的であり得る.
 ・注記2　目的（又は目標）は，様々な領域［例えば，財務，安全衛生，環境の到達点（goal）］に関連し得るものであり，様々な階層［例えば，戦略的レベル，組織全体，プロジェクト単位，製品ごと，サービスごと，プロセス（3.3.5）ごと］で適用できる.
 ・注記3　目的（又は目標）は，例えば，意図する成果，目的（purpose），運用基準など，別の形で表現することもできる．また，環境目標（3.2.6）という表現の仕方もある．又は，同じような意味をもつ別の言葉［例　狙い（aim），到達点（goal），目標（target）］で表すこともできる．

3.2.6 環境目標（environmental objective）
 ・組織（3.1.4）が設定する，環境方針（3.1.3）と整合のとれた目標（3.2.5）．

6.2.2　環境目標を達成するための取組みの計画策定 ・組織は，環境目標をどのように達成するかについて計画するとき，次の事項を決定しなければならない． 　a）実施事項 　b）必要な資源 　c）責任者 　d）達成期限 　e）結果の評価方法． 　　これには，測定可能な環境目標の達成に向けた進捗を監視するための指標を含む（9.1.1 参照）． ・組織は，環境目標を達成するための取組みを組織の事業プロセスにどのように統合するかについて，考慮しなければならない．	4.3.3　目的，目標及び実施計画 ・組織は，その目的及び目標を達成するための実施計画を策定し，実施し，維持すること．実施計画は次の事項を含むこと． a）組織の関連する部門及び階層における，目的及び目標を達成するための責任の明示 b）目的及び目標達成のための手段及び日程 ＊手段：削除 ＊指標：追加 ＊事業プロセス（business processes）：追加

定義
　3.4.7　指標（indicator）
　　・運用，マネジメント又は条件の状態又は状況の，測定可能な表現．

------《JIS Q 14001：2015》------

A.6.2　環境目標及びそれを達成するための計画策定
・トップマネジメントは，戦略的，戦術的又は運用的レベルで，環境目標を確立してもよい．
・戦略的レベルは，組織の最高位を含み，その環境目標は，組織全体に適用できる．
・戦術的及び運用的レベルは，組織内の特定の単位又は機能のための環境目標を含み得るもので，組織の戦略的な方向性と両立していることが望ましい．
・環境目標は，その達成に影響を及ぼす能力をもつ，組織の管理下で働く人々に伝達することが望ましい．
・"著しい環境側面を考慮に入れる"という要求事項は，それぞれの著しい環境側面に対して環境目標を確立しなければならないということではないが，環境目標を確立するときに，著しい環境側面の優先順位が高いということを意味している．
・"環境方針と整合している"とは，環境目標が，継続的改善へのコミットメントを含め，環境方針の中でトップマネジメントが行うコミットメントと広く整合し，調和していることを意味する．
・指標は，測定可能な環境目標の達成を評価するために選定される．
・"測定可能な"という言葉は，環境目標が達成されているか否かを決定するための規定された尺度に対して，定量的又は定性的な方法のいずれを用いることも可能であるということを意味する．
・"実行可能な場合"と規定しているとおり，環境目標を測定することが実施可能でない状況もあり得ることが認識されている．
・しかし，重要なことは，環境目標が達成されているか否かを決定できるのは組織であるということである．
・環境指標に関する更なる情報は，ISO 14031 に示されている．

7. 支　援

JIS Q 14001:2015	JIS Q 14001:2004
7　支援 7.1　資源 ・組織は，環境マネジメントシステムの確立，実施，維持及び継続的改善に必要な資源を決定し，提供しなければならない．	4.4　実施及び運用 4.4.1　資源，役割，責任及び権限 ・経営層は，環境マネジメントシステムを確立し，実施し，維持し，改善するために不可欠な資源を確実に利用できるようにすること． ・資源には，人的資源及び専門的な技能，組織のインフラストラクチャー，技術，並びに資金を含む． ＊附属書 A.7.1　へ移動

《JIS Q 14001:2015》

A.7　支援
A.7.1　資源
・資源は，環境マネジメントシステムの有効な機能及び改善のため，並びに環境パフォーマンスを向上させるために必要である．
・トップマネジメントは，環境マネジメントシステムの責任をもつ人々が必要な資源によって支援されていることを確実にすることが望ましい．
・内部資源は，外部提供者によって補完してもよい．
・資源には，人的資源，天然資源，インフラストラクチャ，技術及び資金が含まれ得る．
・人的資源の例には，専門的な技能及び知識が含まれる．
・インフラストラクチャの資源の例には，組織の建物，設備，地下タンク及び排水システムが含まれる．

7.2　力量 ・組織は，次の事項を行わなければならない． 　a）組織の環境パフォーマンスに影響を与える業務，及び順守義務を満たす組織の能力に影響を与える業務を組織の管理下で行う人（又は人々）に必要な力量を決定する． 　b）適切な教育，訓練又は経験に基づいて，それらの人々が力量を備えていることを確実にする． 　c）組織の環境側面及び環境マネジメントシステムに関する教育訓練のニーズを決定する． 　d）該当する場合には，必ず，必要な力量を身に付けるための処置をとり，とった処置の有効性を評価する．	4.4.2　力量，教育訓練及び自覚 ・組織は，組織によって特定された著しい環境影響の原因となる可能性をもつ作業を組織で実施する又は組織のために実施するすべての人が，適切な教育，訓練又は経験に基づく力量をもつことを確実にすること． ・組織は，その環境側面及び環境マネジメントシステムに伴う教育訓練のニーズを明確にすること． ＊決定（determine）←明確（identify） ・組織は，そのようなニーズを満たすために，教育訓練を提供するか，又はその他の処置をとること．

注記　適用される処置には，例えば，現在雇用している人々に対する，教育訓練の提供，指導の実施，配置転換の実施などがあり，また，力量を備えた人々の雇用，そうした人々との契約締結などもあり得る． ・組織は，力量の証拠として，適切な文書化した情報を保持しなければならない．	・また，これに伴う記録を保持すること．

＊教育訓練が力量獲得の一つの方法として位置づけられ，力量，認識を持つことが必要であり，方法は教育訓練に限定されない．
＊将来的には，順守評価要員に必要な力量を求める可能性がある．（A.7.2 参照）

定義
3.3.1　力量（competence）
・意図した結果を達成するために，知識及び技能を適用する能力．

《JIS Q 14001：2015》

A.7.2　力量
・この規格における力量の要求事項は，次に示す人々を含む，環境パフォーマンスに影響を与える，組織の管理下で働く人々に適用される．
　a）著しい環境影響の原因となる可能性をもつ業務を行う人
　b）次を行う人を含む，環境マネジメントシステムに関する責任を割り当てられた人
　　1）環境影響又は順守義務を決定し，評価する．
　　2）環境目標の達成に寄与する．
　　3）緊急事態に対応する．
　　4）内部監査を実施する．
　　5）順守評価を実施する．

7.3　認識	4.4.2　力量，教育訓練及び自覚
・組織は，組織の管理下で働く人々が次の事項に関して認識をもつことを確実にしなければならない．	・組織は，組織で働く又は組織のために働く人々に次の事項を自覚させるための手順を確立し，実施し，維持すること． ＊「認識をもつことを確実に」←「手順を確立」
a）環境方針	a）環境方針及び手順並びに環境マネジメントシステムの要求事項に適合することの重要性
b）自分の業務に関係する著しい環境側面及びそれに伴う顕在する又は潜在的な環境影響	b）自分の仕事に伴う著しい環境側面及び関係する顕在又は潜在の環境影響，並びに各人の作業改善による環境上の利点
c）環境パフォーマンスの向上によって得られる便益を含む，環境マネジメントシステムの有効性に対する自らの貢献	c）環境マネジメントシステムの要求事項との適合を達成するための役割及び責任

d) 組織の順守義務を満たさないことを含む,環境マネジメントシステム要求事項に適合しないことの意味	d) 規定された手順から逸脱した際に予想される結果 *順守義務:追加

《JIS Q 14001:2015》

A.7.3 認識
- 環境方針の認識を,コミットメントを暗記する必要がある又は組織の管理下で働く人々が文書化した環境方針のコピーをもつ,という意味に捉えないほうがよい.
- そうではなく,環境方針の存在及びその目的を認識することが望ましく,また,自分の業務が,順守義務を満たす組織の能力にどのように影響を与え得るかということを含め,コミットメントの達成における自らの役割を認識することが望ましい.

7.4 コミュニケーション
7.4.1 一般
・組織は,次の事項を含む,環境マネジメントシステムに関連する内部及び外部のコミュニケーションに必要なプロセスを確立し,実施し,維持しなければならない.
  a) コミュニケーションの内容
  b) コミュニケーションの実施時期
  c) コミュニケーションの対象者
  d) コミュニケーションの方法
・コミュニケーションプロセスを確立するとき,組織は,次の事項を行わなければならない.
  - 順守義務を考慮に入れる.
 	
  - 伝達される環境情報が,環境マネジメントシステムにおいて作成される情報と整合し,信頼性があることを確実にする.
・組織は,環境マネジメントシステムについての関連するコミュニケーションに対応しなければならない.
・組織は,必要に応じて,コミュニケーションの証拠として,文書化した情報を保持しなければならない.
	*内部及び外部に共通の事項をまとめて一般を設けた.
	
	*プロセスを確立:追加
	
	*順守義務を考慮:追加
	環境情報の報告義務を含む.
	
	*信頼性:組織のリスク管理上の点からも有用.
	
	*文書化した情報:追加

7.4.2 内部コミュニケーション
・組織は,次の事項を行わなければならない.
  a) 必要に応じて,環境マネジメントシステムの変更を含め,環境マネジメントシステムに関連する情報について,組織の種々の階層及び機能間で内部コミュニケーションを行う.
 	
  b) コミュニケーションプロセスが,組織の管理下で働く人々の継続的改善への寄与を可能にすることを確実にする.
	4.4.3 コミュニケーション
	・組織は,環境側面及び環境マネジメントシステムに関して次の事項にかかわる手順を確立し,実施し,維持すること.
	  a) 組織の種々の階層及び部門間での内部コミュニケーション
	  b) 外部の利害関係者からの関連するコミュニケーションについて受け付け,文書化し,対応する
	
	*常駐の外部委託事業者を含む.
	*継続的改善:追加

7.4.3　外部コミュニケーション	4.4.3　コミュニケーション
・組織は，コミュニケーションプロセスによって確立したとおりに，かつ，順守義務による要求に従って，環境マネジメントシステムに関連する情報について外部コミュニケーションを行わなければならない．	・組織は，著しい環境側面について外部コミュニケーションを行うかどうかを決定し，その決定を文書化すること． ・外部コミュニケーションを行うと決定した場合は，この外部コミュニケーションの方法を確立し，実施すること．

*情報発信は，より戦略的な位置付けになり，外部コミュニケーションの位置付けが強化されている．
*関連する情報：外部コミュニケーションの範囲が広がった．
*外部コミュニケーションの対象が，著しい環境側面に限定されていない．
*コミュニケーションに関連する要求事項は下記の箇条に分散して規定されている．
　・環境マネジメントシステムの適用範囲の決定（4.3）
　・リーダーシップ及びコミットメント（5.1）
　・環境方針（5.2）
　・組織の役割，責任及び権限（5.3）
　・環境側面（6.1.2）
　・環境目標（6.2.1）
　・運用の計画及び管理（8.1）
　・緊急事態への準備及び対応（8.2）
　・監視，測定，分析及び評価（9.1）／一般（9.1.1）
　・内部監査（9.2）／内部監査プログラム（9.2.2）
　・マネジメントレビュー（9.3）

《JIS Q 14001：2015》

A.7.4　コミュニケーション
・コミュニケーションによって，組織は，著しい環境側面，環境パフォーマンス，順守義務及び継続的改善のための提案に関する情報を含む，環境マネジメントシステムに関連した情報を提供し，入手することが可能となる．
・コミュニケーションは，組織の中と外との双方向のプロセスである．
・コミュニケーションプロセスを確立するとき，最も適切な階層及び機能とコミュニケーションを行うことを確実にするために，内部の組織構造を考慮することが望ましい．
・多くの異なる利害関係者のニーズを満たすために，単一のアプローチをとることが適切な場合もあれば，個々の利害関係者の特定のニーズに取り組むために，複数のアプローチをとることが必要になることもあり得る．
・組織が受け付ける情報には，環境側面のマネジメントに関する特定の情報に対する利害関係者からの要望を含むこともあれば，組織がそのマネジメントを遂行する方法についての一般的な印象又は見解を含むこともある．
・これらの印象又は見解は，肯定的なものもあれば，否定的なものもあり得る．
・後者（例えば，苦情）の場合には，組織が迅速かつ明確な回答を行うことが重要である．
・その後に行うこれらの苦情の分析は，環境マネジメントシステムの改善の機会を発見するための貴重な情報を提供し得る．
・コミュニケーションは，次の事項を満たすことが望ましい．
　a）透明である．すなわち，組織が，報告した内容の入手経路を公開している．
　b）適切である．すなわち，情報が，関連する利害関係者の参加を可能にしながら，これらの利害関係者のニーズを満たしている．
　c）偽りなく，報告した情報に頼る人々に誤解を与えないものである．

d) 事実に基づき，正確であり，信頼できるものである．
e) 関連する情報を除外していない．
f) 利害関係者にとって理解可能である．
・変更のマネジメントの一部としてのコミュニケーションに関する情報を，A.1 に示す．
・コミュニケーションに関する更なる情報は，JIS Q 14063 に示されている．

7.5　文書化した情報 7.5.1　一般 ・組織の環境マネジメントシステムは，次の事項を含まなければならない． 　a) この規格が要求する文書化した情報 　b) 環境マネジメントシステムの有効性のために必要であると組織が決定した，文書化した情報 ・注記　環境マネジメントシステムのための文書化した情報の程度は，次のような理由によって，それぞれの組織で異なる場合がある． 　－組織の規模，並びに活動，プロセス，製品及びサービスの種類 　－順守義務を満たしていることを実証する必要性 　－プロセス及びその相互作用の複雑さ 　－組織の管理下で働く人々の力量	4.4.4　文書類 ・環境マネジメントシステムの文書には，次の事項を含めること． 　d) この規格が要求する，記録を含む文書 　a) 環境方針，目的及び目標 　b) 環境マネジメントシステムの適用範囲の記述 　c) 環境マネジメントシステムの主要な要素，それらの相互作用の記述，並びに関係する文書の参照 　e) 著しい環境側面に関係するプロセスの効果的な計画，運用及び管理を確実に実施するために，組織が必要と決定した，記録を含む文書

＊電子情報の管理を念頭においた対応となっている．
＊文書と記録を「文書化した情報」という用語に統一した．
＊従来の記録に該当するものは，「証拠として保持すべき文書化された情報」として区別されている．
＊2004 年版の 4.4.4c) 項（マニュアルに相当）が削除された．

7.5.2　作成及び更新 ・文書化した情報を作成及び更新する際，組織は，次の事項を確実にしなければならない． 　a）適切な識別及び記述（例えば，タイトル，日付，作成者，参照番号） 　b）適切な形式（例えば，言語，ソフトウェアの版，図表）及び媒体（例えば，紙，電子媒体） 　c）適切性及び妥当性に関する，適切なレビュー及び承認	4.4.5　文書管理（control of documents） ・環境マネジメントシステム及びこの規格で必要とされる文書は管理すること． ・記録は文書の一種ではあるが，4.5.4 に規定する要求事項に従って管理すること． ・組織は，次の事項にかかわる手順を確立し，実施し，維持すること． 　c）文書の変更の識別及び現在の改訂版の識別を確実にする． 　a）発行前に，適切かどうかの観点から文書を承認する． 　b）文書をレビューする．また，必要に応じて更新し，再承認する．
7.5.3　文書化した情報の管理 ・環境マネジメントシステム及びこの規格で要求されている文書化した情報は，次の事項を確実にするために，管理しなければならない． 　a）文書化した情報が，必要なときに，必要なところで，入手可能かつ利用に適した状態である． 　b）文書化した情報が十分に保護されている（例えば，機密性の喪失，不適切な使用及び完全性の喪失からの保護）． ・文書化した情報の管理に当たって，組織は，該当する場合には，必ず，次の行動に取り組まなければならない． 　－配付，アクセス，検索及び利用 　－読みやすさが保たれることを含む，保管及び保存 　－変更の管理（例えば，版の管理） 　－保持及び廃棄 ・環境マネジメントシステムの計画及び運用のために組織が必要と決定した外部からの文書化した情報は，必要に応じて，識別し，管理しなければならない． ・注記　アクセスとは，文書化した情報の閲覧だけの許可に関する決定，又は文書化した情報の閲覧及び変更の許可及び権限に関する決定を意味し得る．	4.4.5　文書管理（Control of documents） 　d）該当する文書の適切な版が，必要なときに，必要なところで使用可能な状態にあることを確実にする． ＊情報の保護：追加 ＊アクセス：追加 　e）文書が読みやすく，容易に識別可能な状態であることを確実にする． 　c）文書の変更の識別及び現在の改訂版の識別を確実にする． 　f）環境マネジメントシステムの計画及び運用のために組織が必要と決定した外部からの文書を明確にし，その配付が管理されていることを確実にする． 　g）廃止文書が誤って使用されないようにする．また，これらを何らかの目的で保持する場合には，適切な識別をする．

4章　2015年版と2004年版の詳細比較

	4.5.4　記録の管理（control of records） ・組織は，組織の環境マネジメントシステム及びこの規格の要求事項への適合並びに達成した結果を実証するのに必要な記録を作成し，維持すること． ・記録は，読みやすく，識別可能で，追跡可能な状態を保つこと． ・組織は，記録の識別，保管，保護，検索，保管期間及び廃棄についての手順を確立し，実施し，維持すること．

《JIS Q 14001：2015》

A.7.5　文書化した情報
- 組織は，適切で，妥当で，かつ，有効な環境マネジメントシステムを確実にするために十分な方法で，文書化した情報を作成し，維持することが望ましい．
- 文書化した情報の複雑な管理システムではなく，環境マネジメントシステムの実施及び環境パフォーマンスに，最も焦点を当てることが望ましい．
- この規格の特定の箇条で要求されている文書化した情報のほかに，組織は，透明性，説明責任，継続性，一貫性，教育訓練，又は監査の容易性のために，追加の文書化した情報を作成することを選んでもよい．
- もともとは環境マネジメントシステム以外の目的のために作成された文書化した情報を，用いてもよい．
- 環境マネジメントシステムに関する文書化した情報は，組織が実施している他の情報マネジメントシステムに統合してもよい．
- 文書化した情報は，マニュアルの形式である必要はない．

8. 運用

JIS Q 14001：2015	JIS Q 14001：2004
8　運用 8.1　運用の計画及び管理 ・組織は，次に示す事項の実施によって，環境マネジメントシステム要求事項を満たすため，並びに6.1及び6.2で特定した取組みを実施するために必要なプロセスを確立し，実施し，管理し，かつ，維持しなければならない． －プロセスに関する運用基準の設定 －その運用基準に従った，プロセスの管理の実施	4.4　実施及び運用 4.4.6　運用管理 ・組織は，次に示すことによって，個々の条件の下で確実に運用が行われるように，その環境方針，目的及び目標に整合して特定された著しい環境側面に伴う運用を明確にし，計画すること． 　a）文書化された手順がないと環境方針並びに目的及び目標から逸脱するかもしれない状況を管理するために，文書化された手順を確立し，実施し，維持する． ＊プロセスを確立←手順を確立 　b）その手順には運用基準を明記する．

144

- 注記　管理は，工学的な管理及び手順を含み得る．管理は，優先順位（例えば，除去，代替，管理的な対策）に従って実施されることもあり，また，個別に又は組み合わせて用いられることもある．
- 組織は，計画した変更を管理し，意図しない変更によって生じた結果をレビューし，必要に応じて，有害な影響を緩和する処置をとらなければならない．
- 組織は，外部委託したプロセスが管理されている又は影響を及ぼされていることを確実にしなければならない．
- これらのプロセスに適用される，管理する又は影響を及ぼす方式及び程度は，環境マネジメントシステムの中で定めなければならない．
- ライフサイクルの視点に従って，組織は，次の事項を行わなければならない．
    a）必要に応じて，ライフサイクルの各段階を考慮して，製品又はサービスの設計及び開発プロセスにおいて，環境上の要求事項が取り組まれていることを確実にするために，管理を確立する．
    b）必要に応じて，製品及びサービスの調達に関する環境上の要求事項を決定する．
    c）請負者を含む外部提供者に対して，関連する環境上の要求事項を伝達する．
    d）製品及びサービスの輸送又は配送（提供），使用，使用後の処理及び最終処分に伴う潜在的な著しい環境影響に関する情報を提供する必要性について考慮する．
- 組織は，プロセスが計画どおりに実施されたという確信をもつために必要な程度の，文書化した情報を維持しなければならない．

＊意図しない変更：予防処置を意味する．

＊外部委託←請負者，供給者
　定義「3.3.4　外部委託する」を参照（下記欄外）．
＊有効なプロセスを計画し，運用するための考慮事項は，A.8.1のa）～f）を参照．

＊ライフサイクルの視点：追加
　「6.1.2　環境側面」との関係を考慮．

＊環境適合設計を考慮：追加

　c）組織が用いる物品及びサービスの特定された著しい環境側面に関する手順を確立し，実施し，維持すること，並びに請負者を含めて，供給者に適用可能な手順及び要求事項を伝達する．
＊伝達の例：契約書，通達，研修会，モニタリング，監査

＊実質的には，「9.1　監視，測定，分析及び評価」で行われる．

＊プロセスの構成要素は，下記に示すJIS Q 9001：2015の4.4で詳細に規定されている"プロセス"の用件と整合している．
　4.4　品質マネジメントシステム及びそのプロセス
　4.4.1　組織は，この規格の要求事項に従って，必要なプロセス及びそれらの相互作用を含む，品質マネジメントシステムを確立し，実施し，維持し，かつ，継続的に改善しなければならない．

- 組織は，品質マネジメントシステムに必要なプロセス及びそれらの組織全体にわたる適用を決定しなければならない．
- また，次の事項を実施しなければならない．
    a) これらのプロセスに必要なインプット，及びこれらのプロセスから期待されるアウトプットを明確にする．
    b) これらのプロセスの順序及び相互作用を明確にする．
    c) これらのプロセスの効果的な運用及び管理を確実にするために必要な判断基準及び方法（監視，測定及び関連するパフォーマンス指標を含む．）を決定し，適用する．
    d) これらのプロセスに必要な資源を明確にし，及びそれが利用できることを確実にする．
    e) これらのプロセスに関する責任及び権限を割り当てる．
    f) 6.1 の要求事項に従って決定したとおりにリスク及び機会に取り組む．
    g) これらのプロセスを評価し，これらのプロセスの意図した結果の達成を確実にするために必要な変更を実施する．
    h) これらのプロセス及び品質マネジメントシステムを改善する．
  4.4.2 組織は，必要な程度まで，次の事項を行わなければならない．
    a) プロセスの運用を支援するための文書化した情報を維持する．
    b) プロセスが計画どおりに実施されたと確信するための文書化した情報を保持する．

*バリューチェーン（**value chain**）やサプライチェーン（**suply chain**）という用語は用いず，8.1 の a)～f) に具体的な実施事項を規定した．
- バリューチェーン：製品又はサービスの形式で価値を提供するか又は受け取る，一連の活動又は関係者の全体．（**ISO 26000**:**2010　2.25** の定義）
  サプライチェーンは製品又はサービスが流れ込んでくる"上流側"で，組織が提供する製品又はサービスが流れ出ていく"下流側"を含めた全体がバリューチェーンでああある．
- サプライチェーン：組織に対して製品又はサービスを提供する一連の活動．（**ISO 26000**:**2010　2.22** の定義）
  サプライチェーンはバリューチェーンに含まれる．

定義
3.3.4　外部委託する（outsource）（動詞）
- ある組織（3.1.4）の機能又はプロセス（3.3.5）の一部を外部の組織が実施するという取決めを行う．
- 注記　外部委託した機能又はプロセスはマネジメントシステム（3.1.1）の適用範囲内にあるが，外部の組織はマネジメントシステムの適用範囲の外にある．

《JIS Q 14001：2015》

A.8 運用
A.8.1 運用の計画及び管理
- 運用管理の方式及び程度は，運用の性質，リスク及び機会，著しい環境側面，並びに順守義務によって異なる．
- 組織は，プロセスが，有効で，かつ，望ましい結果を達成することを確かにするために必要な運用管理の方法を，個別に又は組み合わせて選定する柔軟性をもつ．
- こうした方法には，次の事項を含み得る．
    a）誤りを防止し，矛盾のない一貫した結果を確実にするような方法で，プロセスを設計する．
    b）プロセスを管理し，有害な結果を防止するための技術（すなわち，工学的な管理）を用いる．
    c）望ましい結果を確実にするために，力量を備えた要員を用いる．
    d）規定された方法でプロセスを実施する．
    e）結果を点検するために，プロセスを監視又は測定する．
    f）必要な文書化した情報の使用及び量を決定する．
- 組織は，外部委託したプロセス若しくは製品及びサービスの提供者を管理するため，又はそれらのプロセス若しくは提供者に影響を及ぼすために，自らの事業プロセス（例えば，調達プロセス）の中で必要な管理の程度を決定することとなる．
- この決定は，次のような要因に基づくことが望ましい．
    - 次を含む，知識，力量及び資源
        - 組織の環境マネジメントシステム要求事項を満たすための外部提供者の力量
        - 適切な管理を決めるため，又は管理の妥当性を評価するための，組織の技術的な力量
    - 環境マネジメントシステムの意図した成果を達成する組織の能力の重要性，並びにその能力に対して製品及びサービスが与える潜在的な影響
    - プロセスの管理が共有される程度
    - 一般的な調達プロセスを適用することを通して必要な管理を達成する能力
    - 利用可能な改善の機会
- プロセスを外部委託する場合，又は製品及びサービスが外部提供者によって供給される場合，管理する又は影響を及ぼす組織の能力は，直接的に管理するものから，限定された影響を与えるもの又は全く影響をもたないものまで，異なり得る．
- ある場合には，現場で実施される外部委託したプロセスは，組織の直接的な管理下にあることがある．
- 別の場合には，外部委託したプロセス又は外部供給者に影響を及ぼす組織の能力は，限定されることもある．
- 請負者を含む外部提供者に関連する運用管理の方式及び程度を決定するとき，組織は，次のような一つ又は複数の要因を考慮してもよい．
    - 環境側面及びそれに伴う環境影響
    - その製品の製造又はそのサービスの提供に関連するリスク及び機会
    - 組織の順守義務
- 変更のマネジメントの一部としての運用管理に関する情報を，A.1 に示す．
- ライフサイクルの視点に関する情報を，A.6.1.2 に示す．
- 外部委託したプロセスとは，次の全ての事項を満たすものである．
    - 環境マネジメントシステムの適用範囲の中にある．
    - 組織が機能するために不可欠である．
    - 環境マネジメントシステムが意図した成果を達成するために必要である．
    - 要求事項に適合することに対する責任を，組織が保持している．

- そのプロセスを組織が実施していると利害関係者が認識しているような，組織と外部提供者との関係がある．
- 環境上の要求事項とは，組織が利害関係者［例えば，内部機能（調達など），顧客，外部提供者］に対して確立し，伝達する，環境に関連した組織のニーズ及び期待である．
- 組織の著しい環境影響には，製品又はサービスの輸送，配送（提供），使用，使用後の処理又は最終処分の中で発生し得るものもある．
- 情報を提供することによって，組織は，これらのライフサイクルの段階において，有害な環境影響を潜在的に防止又は緩和することができる．

8.2 緊急事態への準備及び対応	4.4.7 緊急事態への準備及び対応
・組織は，6.1.1で特定した潜在的な緊急事態への準備及び対応のために必要なプロセスを確立し，実施し，維持しなければならない．	・組織は，環境に影響を与える可能性のある潜在的な緊急事態及び事故を特定するための，またどのようにして対応するかの手順を確立し，実施し，維持すること． ＊プロセスを確立←手順を確立 緊急事態の決定については「6.1 リスク及び機会への取組み／6.1.1 一般」を参照 ＊事故：削除
・組織は，次の事項を行わなければならない． a）緊急事態からの有害な環境影響を防止又は緩和するための処置を計画することによって，対応を準備する． b）顕在した緊急事態に対応する． c）緊急事態及びその潜在的な環境影響の大きさに応じて，緊急事態による結果を防止又は緩和するための処置をとる． d）実行可能な場合には，計画した対応処置を定期的にテストする． e）定期的に，また特に緊急事態の発生後又はテストの後には，プロセス及び計画した対応処置をレビューし，改訂する． f）必要に応じて，緊急事態への準備及び対応についての関連する情報及び教育訓練を，組織の管理下で働く人々を含む関連する利害関係者に提供する．	・組織は，顕在した緊急事態や事故に対応し，それらに伴う有害な環境影響を予防又は緩和すること． ・組織は，また，実施可能な場合には，そのような手順を定期的にテストすること． ・組織は，緊急事態への準備及び対応手順を，定期的に，また特に事故又は緊急事態の発生の後には，レビューし，必要に応じて改訂すること． ＊追加
・組織は，プロセスが計画どおりに実施されたという確信をもつために必要な程度の，文書化した情報を維持しなければならない．	＊文書化した情報：追加

《JIS Q 14001:2015》

A.8.2 緊急事態への準備及び対応
- 組織独自のニーズに適切な方法で緊急事態に対して準備し，対応することは，それぞれの組織の責任である．
- 緊急事態の決定に関する情報を，A.6.1.1 に示す．
- 緊急事態への準備及び対応のプロセスを計画するとき，組織は，次の事項を考慮することが望ましい．
  - a) 緊急事態に対処する最適な方法
  - b) 内部及び外部コミュニケーションプロセス
  - c) 環境影響を防止又は緩和するのに必要な処置
  - d) 様々な種類の緊急事態に対してとるべき緩和及び対応処置
  - e) 是正処置を決定し実施するための緊急事態後の評価の必要性
  - f) 計画した緊急事態対応処置の定期的なテストの実施
  - g) 緊急事態に対応する要員の教育訓練
  - h) 連絡の詳細（例えば，消防署，流出物の清掃サービス）を含めた，主要な要員及び支援機関のリスト
  - i) 避難ルート及び集合場所
  - j) 近隣組織からの相互支援の可能性

9. パフォーマンス評価

JIS Q 14001:2015	JIS Q 14001:2004
9　パフォーマンス評価 9.1　監視，測定，分析及び評価 9.1.1　一般 ・組織は，環境パフォーマンスを監視し，測定し，分析し，評価しなければならない． ・組織は，次の事項を決定しなければならない． 　a) 監視及び測定が必要な対象 　b) 該当する場合には，必ず，妥当な結果を確実にするための，監視，測定，分析及び評価の方法 　c) 組織が環境パフォーマンスを評価するための基準及び適切な指標 　d) 監視及び測定の実施時期 　e) 監視及び測定の結果の，分析及び評価の時期 ・組織は，必要に応じて，校正された又は検証された監視機器及び測定機器が使用され，維持されていることを確実にしなければならない． ・組織は，環境パフォーマンス及び環境マネジメントシステムの有効性を評価しなければならない． ・組織は，コミュニケーションプロセスで特定したとおりに，かつ，順守義務による要求に従って，関連する環境パフォーマンス情報について，内部と外部の双方のコミュニケーションを行わなければならない．	4.5　点検 ＊4点セットになった． 4.5.1　監視及び測定 ・組織は，著しい環境影響を与える可能性のある運用のかぎ（鍵）となる特性を定常的に監視し測定するための手順を確立し，実施し，維持すること． ＊定常的（on a regular basis）が削除． ＊指標：追加 ・組織は，校正された又は検証された監視及び測定機器が使用され，維持されていることを確実にし，また，これに伴う記録を保持すること．

4章 2015年版と2004年版の詳細比較

・組織は，監視，測定，分析及び評価の結果の証拠として，適切な文書化した情報を保持しなければならない．	・この手順には，パフォーマンス，適用可能な運用管理，並びに組織の環境目的及び目標との適合を監視するための情報の文書化を含めること．

*「9.3 マネジメントレビュー」では，環境パフォーマンスは下記のとおりに規定されている．
 d) 次に示す傾向を含めた，組織の環境パフォーマンスに関する情報
  1) 不適合及び是正処置
  2) 監視及び測定の結果
  3) 順守義務を満たすこと
  4) 監査結果

定義
 3.4.7 指標（indicator）
  ・運用，マネジメント又は条件の状態又は状況の，測定可能な表現．
  （ISO 14031:2013 の 3.15 参照）

 3.4.10 パフォーマンス（performance）
  ・測定可能な結果．
  ・注記1 パフォーマンスは，定量的又は定性的な所見のいずれにも関連し得る．
  ・注記2 パフォーマンスは，活動，プロセス（3.3.5），製品（サービスを含む．），システム又は組織（3.1.4）の運営管理に関連し得る．

 3.4.11 環境パフォーマンス（environmental performance）
  ・環境側面（3.2.2）のマネジメントに関連するパフォーマンス（3.4.10）．
  ・注記 環境マネジメントシステム（3.1.2）では，結果は，組織（3.1.4）の環境方針（3.1.3），環境目標（3.2.6），又はその他の基準に対して，指標（3.4.7）を用いて測定可能である．

《JIS Q 14001:2015》

A.9 パフォーマンス評価
A.9.1 監視，測定，分析及び評価
A.9.1.1 一般
・環境目標の進捗のほかに，監視し測定することが望ましいものを決定するとき，組織は，著しい環境側面，順守義務及び運用管理を考慮に入れることが望ましい．
・監視，測定，分析及び評価のために組織が用いる方法は，次の事項を確実にするために，環境マネジメントシステムの中で定めることが望ましい．
 a) 監視及び測定のタイミングが，分析及び評価の結果の必要性との関係で調整されている．
 b) 監視及び測定の結果が信頼でき，再現性があり，かつ，追跡可能である．
 c) 分析及び評価が信頼でき，再現性があり，かつ，組織が傾向を報告できるようにするものである．
・環境パフォーマンスの分析及び評価の結果は，適切な処置を開始する責任及び権限をもつ人々に報告することが望ましい．
・環境パフォーマンス評価に関する更なる情報は，ISO 14031 に示されている参照．

9.1.2　順守評価 ・組織は，順守義務を満たしていることを評価するために必要なプロセスを確立し，実施し，維持しなければならない． ・組織は，次の事項を行わなければならない． 　a）順守を評価する頻度を決定する． 　b）順守を評価し，必要な場合には，処置をとる． 　c）順守状況に関する知識及び理解を維持する． ・組織は，順守評価の結果の証拠として，文書化した情報を保持しなければならない．	**4.5.2　順守評価** **4.5.2.1** ・順守に対するコミットメントと整合して，組織は，適用可能な法的要求事項の順守を定期的に評価するための手順を確立し，実施し，維持すること． **＊プロセスを確立←手順を確立** **＊頻度を決定←定期的** **＊順守評価の力量を要求** ・組織は，定期的な評価の結果の記録を残すこと． **4.5.2.2** ・組織は，自らが同意するその他の要求事項の順守を評価すること． 　組織は，この評価を4.5.2.1にある法的要求事項の評価に組み込んでもよいし，別の手順を確立してもよい． ・組織は，定期的な評価の結果の記録を残すこと．

《JIS Q 14001:2015》

A.9.1.2　順守評価
・順守評価の頻度及びタイミングは，要求事項の重要性，運用条件の変動，順守義務の変化，及び組織の過去のパフォーマンスによって異なることがある．
・組織は，順守状況に関する知識及び理解を維持するために種々の方法を用いることができるが，全ての順守義務を定期的に評価する必要がある．
・順守評価の結果，法的要求事項を満たしていないことが示された場合，組織は，順守を達成するために必要な処置を決定し，実施する必要がある．
・この場合，規制当局とやり取りし，法的要求事項を満たすための一連の処置について合意することが求められ得る．
・このような合意がなされた場合，それは順守義務となる．
・不順守は，例えばそれが環境マネジメントシステムプロセスによって特定され，修正された場合は，必ずしも不適合にはならない．
・順守に関連する不適合は，その不適合が法的要求事項の実際の不順守には至らない場合であっても，修正する必要がある．

9.2　内部監査 **9.2.1　一般** ・組織は，環境マネジメントシステムが次の状況にあるか否かに関する情報を提供するために，あらかじめ定めた間隔で内部監査を実施しなければならない． 　a）次の事項に適合している． 　　1）環境マネジメントシステムに関して，組織自体が規定した要求事項 　　2）この規格の要求事項 　b）有効に実施され，維持されている．	4.5.5　内部監査 ・組織は，次の事項を行うために，あらかじめ定められた間隔で環境マネジメントシステムの内部監査を確実に実施すること． 　a）組織の環境マネジメントシステムについて次の事項を決定する． 　　1）この規格の要求事項を含めて，組織の環境マネジメントのために計画された取決め事項に適合しているかどうか． 　　2）適切に実施されており，維持されているかどうか． ＊**有効性：追加**
9.2.2　内部監査プログラム ・組織は，内部監査の頻度，方法，責任，計画要求事項及び報告を含む，内部監査プログラムを確立し，実施し，維持しなければならない． ・内部監査プログラムを確立するとき，組織は，関連するプロセスの環境上の重要性，組織に影響を及ぼす変更及び前回までの監査の結果を考慮に入れなければならない． ・組織は，次の事項を行わなければならない． 　a）各監査について，監査基準及び監査範囲を明確にする． 　b）監査プロセスの客観性及び公平性を確保するために，監査員を選定し，監査を実施する． 　c）監査の結果を関連する管理層に報告することを確実にする． ・組織は，監査プログラムの実施及び監査結果の証拠として，文書化した情報を保持しなければならない．	・監査プログラムは，当該運用の環境上の重要性及び前回までの監査の結果を考慮に入れて，組織によって計画され，策定され，実施され，維持されること． ・次の事項に対処する監査手順を確立し，実施し，維持すること． 　－監査の計画及び実施，結果の報告，並びにこれに伴う記録の保持に関する責任及び要求事項 　－監査基準，適用範囲，頻度及び方法の決定 ・監査員の選定及び監査の実施においては，監査プロセスの客観性及び公平性を確保すること． 　b）監査の結果に関する情報を経営層に提供する． ＊**文書化した情報：追加**

定義
3.4.1 監査（audit）
- 監査基準が満たされている程度を判定するために，監査証拠を収集し，それを客観的に評価するための，体系的で，独立し，文書化したプロセス（3.3.5）．
- 注記1　内部監査は，その組織（3.1.4）自体が行うか，又は組織の代理で外部関係者が行う．
- 注記2　監査は，複合監査（複数の分野の組合せ）でもあり得る．
- 注記3　独立性は，監査の対象となる活動に関する責任を負っていないことで，又は偏り及び利害抵触がないことで，実証することができる．
- 注記4　JIS Q 19011:2012 の 3.3 及び 3.2 にそれぞれ定義されているように，"監査証拠" は，監査基準に関連し，かつ，検証できる，記録，事実の記述又はその他の情報から成り，"監査基準" は，監査証拠と比較する基準として用いる一連の方針，手順又は要求事項（3.2.8）である．

《JIS Q 14001:2015》

A.9.2　内部監査
- 監査員は，実行可能な限り，監査の対象となる活動から独立した立場にあり，全ての場合において偏り及び利害抵触がない形で行動することが望ましい．
- 内部監査において特定された不適合は，適切な是正処置をとる必要がある．
- 前回までの監査の結果を考慮するに当たって，組織は，次の事項を含めることが望ましい．
  - a）これまでに特定された不適合，及びとった処置の有効性
  - b）内部監査及び外部監査の結果
- 内部監査プログラムの確立，環境マネジメントシステムの監査の実施，及び監査要員の力量の評価に関する更なる情報は，JIS Q 19011 に示されている．
- 変更のマネジメントの一部としての内部監査プログラムに関する情報を，A.1 に示す．

9.3　マネジメントレビュー	4.6　マネジメントレビュー
・トップマネジメントは，組織の環境マネジメントシステムが，引き続き，適切，妥当かつ有効であることを確実にするために，あらかじめ定めた間隔で，環境マネジメントシステムをレビューしなければならない．	・トップマネジメントは，組織の環境マネジメントシステムが，引き続き適切で，妥当で，かつ，有効であることを確実にするために，あらかじめ定められた間隔で環境マネジメントシステムをレビューすること． ・レビューは，環境方針，並びに目的及び目標を含む環境マネジメントシステムの改善の機会及び変更の必要性の評価を含むこと．
・マネジメントレビューは，次の事項を考慮しなければならない．	・マネジメントレビューへのインプットは，次の事項を含むこと． ＊考慮←インプット 　インプットしても考慮しなければダメ．
a）前回までのマネジメントレビューの結果とった処置の状況	f）前回までのマネジメントレビューの結果に対するフォローアップ
b）次の事項の変化 　1）環境マネジメントシステムに関連する外部及び内部の課題 　2）順守義務を含む，利害関係者のニーズ及び期待	＊結果の変化だけでなく，変化への対応が重要． ＊外部及び内部の課題：追加 g）環境側面に関係した法的及びその他の要求事項の進展を含む，変化している周囲の状況

3）著しい環境側面 　　4）リスク及び機会 　c）環境目標が達成された程度 　d）次に示す傾向を含めた，組織の環境パフォーマンスに関する情報 　　1）不適合及び是正処置 　　2）監視及び測定の結果 　　3）順守義務を満たすこと 　　4）監査結果 　e）資源の妥当性 　f）苦情を含む，利害関係者からの関連するコミュニケーション 　g）継続的改善の機会 ・マネジメントレビューからのアウトプットには，次の事項を含めなければならない． 　－環境マネジメントシステムが，引き続き，適切，妥当かつ有効であることに関する結論 　－継続的改善の機会に関する決定 　－資源を含む，環境マネジメントシステムの変更の必要性に関する決定 　－必要な場合には，環境目標が達成されていない場合の処置 　－必要な場合には，他の事業プロセスへの環境マネジメントシステムの統合を改善するための機会 　－組織の戦略的な方向性に関する示唆 ・組織は，マネジメントレビューの結果の証拠として，文書化した情報を保持しなければならない．	＊リスク：追加 　d）目的及び目標が達成されている程度 　c）組織の環境パフォーマンス 　e）是正処置及び予防処置の状況 　a）内部監査の結果，法的要求事項及び組織が同意するその他の要求事項の順守評価の結果 　b）苦情を含む外部の利害関係者からのコミュニケーション 　h）改善のための提案 ・マネジメントレビューからのアウトプットには，継続的改善へのコミットメントと首尾一貫させて，環境方針，目的，目標及びその他の環境マネジメントシステムの要素へ加え得る変更に関係する，あらゆる決定及び処置を含むこと． ＊以下追加 ＊環境マネジメントシステムの成熟に従って変わる． ＊戦略的な方向性："ハイレベル／包括的"な，組織の目指すものを意味する． ＊環境マネジメントシステムのみでなく，内外の変化に対応するため，組織全体で行う部門間のリンクが必要． ・マネジメントレビューの記録は，保持されること．

《JIS Q 14001:2015》

A.9.3 マネジメントレビュー
- マネジメントレビューは，高いレベルのものであることが望ましく，詳細な情報の徹底的なレビューである必要はない．
- マネジメントレビューの項目は，全てに同時に取り組む必要はない．
- レビューは，一定の期間にわたって行ってもよく，また，役員会又は運営会議のような，定期的に開催される管理層の活動の一部に位置付けることもできる．したがって，レビューだけを個別の活動として分ける必要はない．
- 利害関係者から受け付けた関連する苦情は，改善の機会を決定するために，トップマネジメントがレビューする．
- 変更のマネジメントの一部としてのマネジメントレビューに関する情報を，A.1に示す．
- "適切（性）"（suitability）とは，環境マネジメントシステムが，組織，並びに組織の運用，文化及び事業システムにどのように合っているかを意味している．
- "妥当（性）"（adequacy）とは，この規格の要求事項を満たし，十分なレベルで実施されているかどうかを意味している．
- "有効（性）"（effectiveness）とは，望ましい結果を達成しているかどうかを意味している．

10. 継続的改善

JIS Q 14001:2015	JIS Q 14001:2004
10　改善 **10.1　一般** ・組織は，環境マネジメントシステムの意図した成果を達成するために，改善の機会（9.1，9.2及び9.3参照）を決定し，必要な取組みを実施しなければならない． **10.2　不適合及び是正処置** ・不適合が発生した場合，組織は，次の事項を行わなければならない． 　a）その不適合に対処し，該当する場合には，必ず，次の事項を行う． 　　1）その不適合を管理し，修正するための処置をとる． 　　2）有害な環境影響の緩和を含め，その不適合によって起こった結果に対処する． 　b）その不適合が再発又は他のところで発生しないようにするため，次の事項によって，その不適合の原因を除去するための処置をとる必要性を評価する． 　　1）その不適合をレビューする． 　　2）その不適合の原因を明確にする． 　　3）類似の不適合の有無，又はそれが発生する可能性を明確にする．	4.5.3　不適合並びに是正処置及び予防処置 ・組織は，顕在及び潜在の不適合に対応するための並びに是正処置及び予防処置をとるための手順を確立し，実施し，維持すること． ・その手順では，次の事項に対する要求事項を定めること． 　a）不適合を特定し，修正し，それらの環境影響を緩和するための処置をとる． 　c）不適合を予防するための処置の必要性を評価し，発生を防ぐために立案された適切な処置を実施する． ＊予防的是正処置が要求されている．

c）必要な処置を実施する． d）とった是正処置の有効性をレビューする． e）必要な場合には，環境マネジメントシステムの変更を行う． ・是正処置は，環境影響も含め，検出された不適合のもつ影響の著しさに応じたものでなければならない． ・組織は，次に示す事項の証拠として，文書化した情報を保持しなければならない． －不適合の性質及びそれに対してとった処置 －是正処置の結果	b）不適合を調査し，原因を特定し，再発を防ぐための処置をとる． e）とられた是正処置及び予防処置の有効性をレビューする． ・組織は，いかなる必要な変更も環境マネジメントシステム文書に確実に反映すること． ・とられた処置は，問題の大きさ，及び生じた環境影響に見合ったものであること． d）とられた是正処置及び予防処置の結果を記録する．

＊予防処置はシステム全体で対応すべきものとして項目としてはなくなった．これは，MSS共通要素で定められている．

《JIS Q 14001:2015》

A.10 改善
A.10.1 一般
・組織は，改善のための処置をとるときに，環境パフォーマンスの分析及び評価からの結果，並びに順守評価，内部監査及びマネジメントレビューからの結果を考慮することが望ましい．
・改善の例には，是正処置，継続的改善，現状を打破する変更，革新及び組織再編が含まれる．

A.10.2 不適合及び是正処置
・環境マネジメントシステムの主要な目的の一つは，予防的なツールとして働くことである．
・予防処置の概念は，この規格では，4.1（組織及びその状況の理解）及び6.1（リスク及び機会への取組み）に包含されている．

10.3 継続的改善 ・組織は，環境パフォーマンスを向上させるために，環境マネジメントシステムの適切性，妥当性及び有効性を継続的に改善しなければならない．	**4.1 一般要求事項** ・組織は，この規格の要求事項に従って，環境マネジメントシステムを確立し，文書化し，実施し，維持し，継続的に改善し，どのようにしてこれらの要求事項を満たすかを決定すること． ＊パフォーマンスの向上を要求

＊継続的改善に関して，マネジメントシステムの改善から，環境パフォーマンスの改善に重点が移っている．

定義
3.4.5 継続的改善（continual improvement）
・パフォーマンス（3.4.10）を向上するために繰り返し行われる活動．
・注記1　パフォーマンスの向上は，組織（3.1.4）の環境方針（3.1.3）と整合して環境パフォーマンス（3.4.11）を向上するために，環境マネジメントシステム（3.1.2）を用いることに関連している．
・注記2　活動は，必ずしも全ての領域で同時に，又は中断なく行う必要はない．

《JIS Q 14001:2015》

A.10.3 継続的改善
・継続的改善を支える処置の度合い，範囲及び期間は，組織によって決定される．
・環境パフォーマンスは，環境マネジメントシステムを全体として適用することによって，又は環境マネジメントシステムの一つ若しくは複数の要素を改善することによって，向上させることができる．

附属書 SL（Annex SL）
マネジメントシステム規格の提案

付録

付録　附属書 SL（Annex SL）　マネジメントシステム規格の提案

　統合版 ISO 補足指針（2014 年版）の「附属書 SL（Annex SL）（規定）：マネジメントシステム規格の提案」の目次を整理して，**付録-1** に示す．

　本文は下記の項目（1〜9）が記述され，その後に 3 つの Appendix が添付されている．

　　1　一般
　　2　妥当性評価を提出する義務
　　3　妥当性評価を提出していない場合
　　4　附属書 SL の適用性
　　5　用語及び定義（1〜5）
　　6　一般原則
　　7　妥当性評価プロセス及び基準
　　8　MSS の開発プロセス及び構成に関する手引
　　9　マネジメントシステム規格における利用のための上位構造，共通の中核となるテキスト，並びに共通用語及び中核となる定義

　　Appendix 1（規定）：妥当性の判断基準となる質問事項
　　Appendix 2（規定）：上位構造，共通の中核となるテキスト，共通用語及び中核となる定義
　　Appendix 3（参考）：上位構造，共通の中核となるテキスト，並びに共通用語及び中核となる定義に関する手引

　本文の記述の中で，ISO 14001:2015 を理解するために参考となる情報を抜粋して以下に示す．
- マネジメントシステム規格（MSS）を新たに作成する提案の場合は常に，この附属書 SL の Appendix 1 に従い，妥当性評価（JS：justification study）を提出し，承認を受けなければならない．
- 開発がすでに承認されている既存の MSS の改訂には妥当性評価は必要ない（最初の開発中に JS が提出されなかった場合を除き）．
- 妥当性評価が既に提出され承認された特定の**タイプ A** の MSS に関するガイダンスを提供する**タイプ B** の MSS については，妥当性評価（JS）は要求されない．

タイプAのMSS：要求事項を提供するMSS
　　　例：マネジメントシステム要求事項規格（規定要求事項）
　　　　　マネジメントシステム産業分野固有要求事項規格
　　タイプBのMSS：指針を提供するMSS
　　　例：マネジメントシステム要求事項規格の利用に関する手引き
　　　　　マネジメントシステムの構築に関する手引
　　　　　マネジメントシステムの改善／強化に関する手引

- 原則として，全てのMSSは（**タイプA**か**タイプB**かに関わらず），使いやすく他のMSSと両立性があるように，一貫した構造，共通のテキスト及び用語を使用しなければならない．
- 原則として，この附属書SLのAppendix 2に記載された手引及び構造も順守しなければならない．
- 妥当性評価で実証された規格の意図が維持されることを確実にするために，作業原案を作成する前に「設計仕様書」を開発してもよい．
- **タイプA**のMSSのユーザが適合性を実証することが予測される場合，製造者又は供給者（第一者又は自己宣言），ユーザ又は購入者（第二者），又は独立機関（第三者，認証又は審査登録として知られる）によって適合性が評価され得ることをMSSに記載しなければならない．
- Appendix 2には，今後制定／改正される**タイプA**及び可能な場合は**タイプB**のISO MSSの主要部となる，上位構造，共通の中核となるテキスト，並びに共通用語及び中核となる定義を示す．
- 共通テキストの中で，xxxと表記してある部分に，マネジメントシステムの分野固有を示す修飾語（例えば，エネルギー，道路交通安全，ITセキュリティ，食品安全，社会セキュリティ，環境，品質）を挿入する必要がある．
- Appendix 2へ追加する場合は，追加の細部箇条（第2階層以降の細部箇条を含む）を，共通テキストの細部箇条の前又はその後に挿入し，それに従って箇条番号の振りなおしを行う．
- リスクという概念の理解は，Appendix 2の定義（3.09）に示されたものよりも，更に固有である場合もある．この場合，分野固有の用語及び定義が必要なことがある．分野固有の用語及び定義は，中核となる定義とは区別する．
- Appendix 2の使用に関する手引きを，Appendix 3に示す．

付録 附属書 SL（Annex SL） マネジメントシステム規格の提案

付録-1　Annex SL（附属書 SL）目次

Annex SL（規定）
マネジメントシステム規格の提案

1　一般
2　妥当性評価を提出する義務
3　妥当性評価を提出していない場合
4　附属書 SL の適用性
5　用語及び定義（1～5）
6　一般原則
7　妥当性評価プロセス及び基準
8　MSS の開発プロセス及び構成に関する手引
9　マネジメントシステム規格における利用のための上位構造，共通の中核となるテキスト，並びに共通用語及び中核となる定義

タイプ A の MSS：要求事項を提供する MSS
タイプ B の MSS：指針を提供する MSS

Appendix 1（規定）
妥当性の判断基準となる質問事項

MSS 提案の基本情報
原則 1　市場適合性
原則 2　両立性
原則 3　網羅性
原則 4　柔軟性
原則 5　自由貿易
原則 6　適合性評価の適用可能性
原則 7　除外

Appendix 3（参考）
上位構造，共通の中核となるテキスト，並びに共通用語及び中核となる定義に関する手引き

Appendix 2（規定）
上位構造，共通の中核となる共通テキスト，共通用語及び中核となる定義

1. 適用範囲
2. 引用規格

3. 用語及び定義

3.01　組織	3.11　文書化した情報
3.02　利害関係者／ステークホルダー	3.12　プロセス
	3.13　パフォーマンス
3.03　要求事項	3.14　外部委託する
3.04　マネジメントシステム	3.15　監視
3.05　トップマネジメント	3.16　測定
3.06　有効性	3.17　監査
3.07　方針	3.18　適合
3.08　目的	3.19　不適合
3.09　リスク	3.20　是正処置
3.10　力量	3.21　継続的改善

4. 組織の状況
4.1　組織及びその状況の理解
4.2　利害関係者のニーズ及び期待の理解
4.3　xxx マネジメントシステムの適用範囲の決定
4.4　xxx マネジメントシステム
5. リーダーシップ
5.1　リーダーシップ及びコミットメント
5.2　方針
5.3　組織の役割，責任及び権限
6. 計画
6.1　リスク及び機会への取組み
6.2　xxx 目的及びそれを達成するための計画策定
7. 支援
7.1　資源
7.2　力量
7.3　認識
7.4　コミュニケーション
7.5　文書化した情報
7.5.1　一般
7.5.2　作成及び更新
7.5.3　文書化した情報の管理
8. 運用
8.1　運用の計画及び管理
9. パフォーマンス評価
9.1　監視，測定，分析及び評価
9.2　内部監査
9.3　マネジメントレビュー
10. 改善
10.1　不適合及び是正処置
10.2　継続的改善

出展：ISO/IEC　専門業務用指針，第 1 部／統合版 ISO 補足指針：2014 年版

Appendix2の要求項目（箇条4〜10）を図式化して，付録-2 に示す．3章の 図1 と比較して，上記の提案に従って作成された ISO 14001:2015 と Appendix 2 との相違（変更及び追加項目）を確認していただきたい．

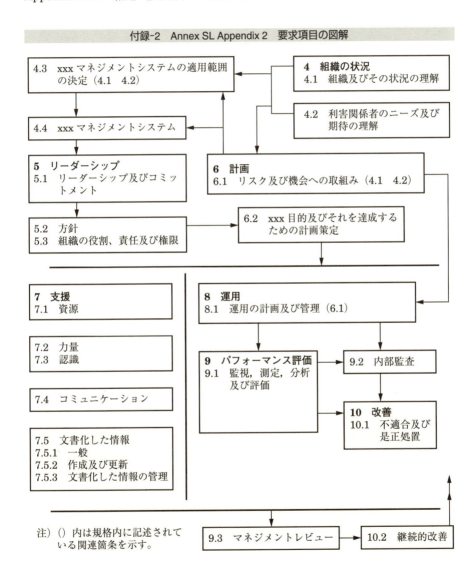

付録-2　Annex SL Appendix 2　要求項目の図解

〈著者紹介〉

三代義雄（みしろ よしお）

（株）エル・エム・ジェイ・ジャパン アソシエイト／主席講師．
防衛庁（現防衛省）からの MIL-Q-9858A 被監査業務を経て，企業内にて ISO 9001 認証取得のためのコーディネーターを担当し，全16事業部，及び関連会社の認証取得を支援し，現在に至る．
1994年より，LMJ 米国本社 L.Marvin Johnson（L.マービン・ジョンソン）創始者より直接指導を受け，アソシエイト（主席講師）として認定される．豊富な知識と経験に裏付けられた迫力ある講義では「カリスマ講師」と称され，ファンは多い．現在，LMJ ジャパンにおいて，ISO 9001/14001 の 2015 年版の移行研修，ISO 9001/14001 審査員コース主任講師，審査員のための各種 CPD 研修を担当しているほか，認証機関の審査員・コンサルティング業務で活躍している．

● 英国 IRCA／日本 JRCA 登録 QMS 主任審査員
● 日本 CEAR 登録 EMS 主任審査員

- 本書の内容に関する質問は，オーム社書籍編集局「（書名を明記）」係宛に，書状または FAX（03-3293-2824），E-mail（shoseki@ohmsha.co.jp）にてお願いします．お受けできる質問は本書で紹介した内容に限らせていただきます．なお，電話での質問にはお答えできませんので，あらかじめご了承ください．
- 万一，落丁・乱丁の場合は，送料当社負担でお取替えいたします．当社販売課宛にお送りください．
- 本書の一部の複写複製を希望される場合は，本書扉裏を参照してください．
  JCOPY ＜（社）出版者著作権管理機構 委託出版物＞

ISO マネジメントシステム強化書
ISO 14001：2015
―規格の歴史探訪から Annex SL まで―

平成 28 年 2 月 15 日　第 1 版第 1 刷発行

著　者　三代義雄
発行者　村上和夫
発行所　株式会社 オーム社
　　　　郵便番号　101-8460
　　　　東京都千代田区神田錦町 3-1
　　　　電話　03（3233）0641（代表）
　　　　URL　http://www.ohmsha.co.jp/

© 三代義雄 2016

組版　タイプアンドたいぽ　印刷　千修　製本　三水舎
ISBN978-4-274-21829-3　Printed in Japan

関連書籍のご案内

///リスクの概念、そしてリスクマネジメントを理解し、
迅速な意思決定に役立てよう！

意思決定のための
リスクマネジメント

榎本 徹［著］

　本書は、リスクマネジメントにおける、リスクの概念からの解説から始まり、リスクマネジメントの経営システム化、そして意思決定の質の改善までを一貫して取り上げた、リスクマネジメントのナビゲーターともいえる書籍です。
　リスクマネジメントとリスクアセスメントの国際規格化もなされ、リスクの新時代を迎えています。これまで以上に経営システムへの導入を含め、注目が集まるリスクマネジメントの活用ガイドとしても最適です。

A5判・224頁
定価（本体2500円【税別】）

///事故・技術者倫理・リスクマネジメントについて詳解！

技術者倫理と
リスクマネジメント
事故はどうして防げなかったのか？

中村 昌允［著］

　本書は、技術者倫理、リスクマネジメントの教科書であるとともに、事故の発生について深い洞察を加えた啓蒙書です。技術者倫理・リスクマネジメントを学ぶ書籍の中でも、事故・事例などを取り上げ、その対処について具体的に展開するかたちをとっているユニークなものとなっています。
　原発事故、スペースシャトル爆発、化学プラントの火災などを事例として取り上げ、事故を未然に防ぐこと、起きた事故を最小の被害に防ぐことなど、リスクマネジメント全体への興味が高まっている中、それらに応える魅力的な本となります。

A5判・288頁
定価（本体2000円【税別】）

もっと詳しい情報をお届けできます。
　◎書店に商品がない場合または直接ご注文の場合も
　　右記宛にご連絡ください。

ホームページ　http://www.ohmsha.co.jp/
TEL／FAX　TEL.03-3233-0643　FAX.03-3233-3440

（定価は変更される場合があります）